U0042141

# 一起來花蜂！
## 超萌蜂類觀察筆記

# 一起來花蜂！
## 超萌蜂類觀察筆記

馬特・克拉赫特 Matt Kracht　著

林凱雄　譯　｜　蔡明憲　審訂

泰迪熊蜂不是熊，巧克力地花蜂不能吃，
從蜜蜂、隧蜂到切葉蜂，花蜂七大家族明星大集合，
蜂功偉業比一比

積木文化

VX0075

# 一起來花蜂！超萌蜂類觀察筆記

泰迪熊蜂不是熊，巧克力地花蜂不能吃，從蜜蜂、隧蜂到切葉蜂，
花蜂七大家族明星大集合，蜂功偉業比一比

| | |
|---|---|
| 原 文 書 名 | OMFG, BEES!: Bees Are So Amazing and You're About to Find Out Why |
| 作　　　者 | 馬特·克拉赫特（Matt Kracht） |
| 譯　　　者 | 林凱雄 |
| 審　　　訂 | 蔡明憲 |

| | |
|---|---|
| 總 編 輯 | 王秀婷 |
| 責任編輯 | 李華 |
| 校　　對 | 陳佳欣 |

| | |
|---|---|
| 發 行 人 | 涂玉雲 |
| 出　　版 | 積木文化 |
| | 104台北市民生東路二段141號5樓 |
| | 電話：(02) 2500–7696｜傳真：(02) 2500–1953 |
| | 官方部落格：www.cubepress.com.tw |
| | 讀者服務信箱：service_cube@hmg.com.tw |
| 發　　行 | 英屬蓋曼群島商家庭傳媒股份有限公司城邦分公司 |
| | 台北市民生東路二段141號2樓 |
| | 讀者服務專線：(02)25007718–9｜24小時傳真專線：(02)25001990–1 |
| | 服務時間：週一至週五09:30–12:00、13:30–17:00 |
| | 郵撥：19863813｜戶名：書蟲股份有限公司 |
| | 網站：城邦讀書花園｜網址：www.cite.com.tw |
| 香港發行所 | 城邦（香港）出版集團有限公司 |
| | 香港灣仔駱克道193號東超商業中心1樓 |
| | 電話：+852–25086231｜傳真：+852–25789337 |
| | 電子信箱：hkcite@biznetvigator.com |
| 馬新發行所 | 城邦（馬新）出版集團 Cite（M）Sdn Bhd |
| | 41, Jalan Radin Anum, Bandar Baru Sri Petaling, 57000 Kuala Lumpur, Malaysia. |
| | 電話：(603) 90578822｜傳真：(603) 90576622 |
| | 電子信箱：cite@cite.com.my |

| | |
|---|---|
| 封面設計 | 張倚禎 |
| 內頁排版 | 陳佩君 |
| 製版印刷 | 上晴彩色印刷製版有限公司 |

城邦讀書花園
www.cite.com.tw

【印刷版】
2023年9月28日　初版一刷
售　價/NT$480
ISBN 978-986-459-526-6

【電子版】
2023年9月
ISBN 9789864595280（EPUB）

有著作權·侵害必究

一起來花蜂！超萌蜂類觀察筆記：泰迪熊蜂不是熊，巧克力
地花蜂不能吃，從蜜蜂、隧蜂到切葉蜂，花蜂七大家族明星
大集合，蜂功偉業比一比/馬特·克拉赫特(Matt Kracht)著；
林凱雄譯. -- 初版. -- 臺北市：積木文化出版：英屬蓋曼群島商
家庭傳媒股份有限公司城邦分公司發行, 2023.09
譯自：OMFG, bees！: bees are so amazing and you're about
to find out why.
ISBN 978-986-459-526-6(平裝)

1.CST: 蜜蜂 2.CST: 昆蟲學

387.781　　　　　　　　　　　　112013737

# 目　次

審訂註：英文「bee」指的是訪花性蜂類，以花蜜、花粉為食，在花朵上採食的過程會幫助植物傳粉，中文可簡稱「花蜂」。蜜蜂（honeybee）屬於花蜂類，嚴格來說只有分類於蜜蜂屬（*Apis*）之下的物種可以稱為「蜜蜂」。

# 前言

　　我坐下來撰寫這段前言的時候，正值一個溫暖的春日，你知道這代表什麼？沒錯，這代表訪花性蜂類正在到處飛啊！

　　你要是還搞不清楚這為何令人興奮到極點，別緊張，因為我馬上就要用這本絕妙好書告訴你。等我講完，你一定會感謝我這個大好人，幫你了解花蜂（bee）是多麼神奇。

　　在我們開始前呢，我懂有些人什麼蜂都不喜歡，但不妨直接無視他們就好，因為傑克，現在花蜂正夯！

　　而且，你知道要是沒有花蜂，我們全都會死於蘋果荒嗎？這叫生態學，各位。說真的，花蜂對我們的農作糧食供應實在太重要了，我們都該去抱牠們的大腿才對。

　　話說回來，不要真的這麼做，花蜂雖然值得我們感激涕零，不過牠們不喜歡被人類抱腿，所以最好尊重人家。

　　最後，落落長的前言很無聊，咱們這就一起來花蜂吧！

馬特・克拉赫特
寫於美國華盛頓州塔科馬市
2023 年春

## 敬告各位認真上進的審校人員：
## 關於本書的花蜂俗名拼寫法

　　如果你是昆蟲學家、科學期刊校對人員，或單純是個愛掉書袋的怪咖，那麼這個段落就是為你寫的。其他人如果沒興趣，歡迎直接去下一頁。

　　我們大多數人對「蜜蜂」的英文俗名「honeybee」都看得很習慣了。昆蟲學家會告訴你，根據美國昆蟲學會（Entomological Society of America），「honeybee」是可以接受的拼寫法。他們的命名規定是，只要英文俗名正確描述某種昆蟲屬於科學分類的哪一目，組成那個俗名的單詞就要以空格隔開，不能連寫。但除非你是昆蟲學家，又記得你這輩子見過的每隻蟲屬於哪一目，那你絕不會知道瓢蟲的英文該寫「ladybug」還是「lady bug」。（不管寫哪一個，美國昆蟲學會的俗名資料庫都會說：去你的，應該寫「lady beetle」好嗎？）

　　我本身是科學的忠實愛好者，所以基於對正港專家的尊重，凡是提及昆蟲俗名，我都會盡量依照美國昆蟲學會的規定。畢竟要不是這些專家孜孜不倦追求科學知識，我寫這本書哪查得到資料啊。

　　只有「honeybee」和「bumblebee」（熊蜂）這兩個字除外——把這兩個詞拆成兩半來寫，看起來就是蠢，老子不幹。

# 什麼蜂
# 都不喜歡的人

　　我知道，我剛才說要直接無視這些人，但現在想想，好像也不太公平。我自己對大自然的感受就滿矛盾的，雖然我基本上很喜歡花花草草，但真要坦誠，其實是很喜歡某些部分，而討厭另一些。

　　你一定懂我的意思。比方說，很多人喜歡在夏天來一趟愉快的戶外健行，可是他們超討厭扁蝨和蚊子。有人喜歡在海中盡情暢游，但覺得海草卡在腳趾間的感覺超噁。有人不喜歡蜘蛛（我是說，我懂，誰需要八條腿啊？）我跟很多人一樣，超痛恨鳥。有人討厭石頭或松果，不過我們最好避開這些人。大自然裡有很多東西的成分是泥土，但我們大多都有吸塵器或掃帚。我說到哪了？

　　喔對。有人什麼蜂都不喜歡，這些人究竟有什麼毛病？沒錯，要嘴炮這些人很容易，他們一定是混蛋，對吧？其中有些人的確是，但這未必跟他們對花蜂的觀感有關。

　　我的推論是，說自己不愛蜂的人，其實大多是好人，只是曾經有過非常糟糕的經驗，而且／或是有過敏問題。所以當蜂類出現在附近，他們對疼痛或死亡的恐懼就會放大。

　　從數學角度來說，蜂類創傷加上你的過敏係數，再除以距離你最近的一隻蜂的公尺數，等於你對蜂類的觀感。不是每個人的數學都很強，所以我發想了一個矩陣圖來說明這個定理。

我管這叫「以恐懼為基礎的蜂類觀感矩陣」，簡稱 F-BOM（Fear-Based Bee Opinion Matrix）。

撇開童年創傷不提，花蜂真的沒啥好怕的，除非你是瘋子，喜歡拿棍子到處狂敲蜂巢，或是每當聽到嗡嗡嗡就揮掌猛拍──那你可能就活該害怕了，因為牠們應該會想教訓你一頓，但這又怎能怪人家？

總之，除了少數例外，花蜂沒被惹毛的時候都是相當溫馴的。一般而言，牠們只在覺得你想惡搞牠們的時候螫人，所以你要是被螫了，八成是自找的。

# F_BOM 矩陣

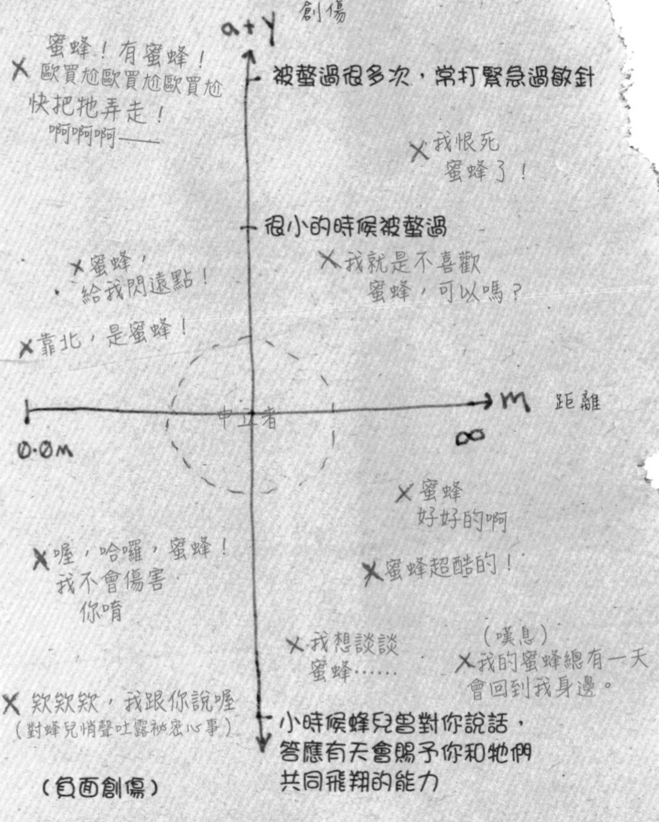

a+y　創傷

✗ 蜜蜂！有蜜蜂！
歐買尬歐買尬歐買尬
快把牠弄走！
啊啊啊——

── 被螫過很多次，常打緊急過敏針

✗ 我恨死
蜜蜂了！

── 很小的時候被螫過

✗ 我就是不喜歡
蜜蜂，可以嗎？

✗ 蜜蜂，
給我閃遠點！

✗ 靠北，是蜜蜂！

中立者　　　　　　　　　　m　距離

0.0m　　　　　　　　　　　∞

✗ 蜜蜂
好好的啊

✗ 蜜蜂超酷的！

✗ 喔，哈囉，蜜蜂！
我不會傷害
你唷

✗ 我想談談
蜜蜂……

（嘆息）
✗ 我的蜜蜂總有一天
會回到我身邊。

✗ 欸欸欸，我跟你說喔
（對蜂兒悄聲吐露祕密心事）

小時候蜂兒曾對你說話，
答應有天會賜予你和牠們
共同飛翔的能力

（負面創傷）

---

a= 過敏嚴重程度
v= 蜂類創傷
m= 距最近一隻蜂類的公尺數

$$\frac{a+y}{m} =$$

不是每個人
都對數字很拿手，
好嗎？

（沒有過敏＝0）

評註：本圖中，作者皆使用「bee」（花蜂），考慮到一般人口語慣用
「蜜蜂」，故僅在此圖中的表達口語處將「bee」翻作「蜜蜂」。

# 這是花蜂，那不是花蜂

　　在我們繼續講下去之前，有幾件事要先搞清楚：說到會飛、長了條紋又可能會螫你的昆蟲，當中有些是花蜂，也有些不是花蜂。我知道大家都等不及要聽花蜂的事，不過，本書剩下的篇幅都在講花蜂，所以先忍耐一下，牠們等一下就出場了。

不是花蜂：

## Hover flies 食蚜蠅

## Wasps 長腳蜂

## Hornets 虎頭蜂

審訂註：「wasp」指的是具有狩獵行為的蜂類，以昆蟲或小型生物為幼蟲食物，同時，長腳蜂、寄生蜂的英文俗名也是「wasp」。

# 食蚜蠅

　　我們就別花太多時間在食蚜蠅身上了，牠們不值得。食蚜蠅大約有 6000 種，很多種都神似花蜂，其實並不是。沒錯，食蚜蠅（又叫「花虻」）是授粉昆蟲，但只有兩片翅膀，不像正港花蜂有四片。牠們也沒有螫針，所以沒有防禦能力，很多食蚜蠅都假裝成花蜂，或許這就是原因。也可能是因為，這種悲哀的小蒼蠅成天就愛幻想自己跟花蜂一樣酷。不管哪個原因都很可悲。牠們應該叫「東施效蜂」才對。

Hover fly 食蚜蠅

苦瓜臉

兩片翅膀

老是在那邊
揮之不去

Eupeodes americanus

# 長腳蜂

這些兇惡的討厭鬼有時會被誤認為花蜂，尤其是八歲大的你為了擺脫一群憤怒的長腳蜂而死命狂奔的時候。為什麼狂奔？因為你為了進行重大科學實驗，拿棍子猛敲阿公家後院晒衣繩的金屬支柱，想知道會發出怎樣的聲音。

在實驗過程中你會發現，那種輕柔的金屬敲擊聲在人類聽來十分悅耳，但長腳蜂顯然覺得有夠機車，對了，那種用來支撐晒衣繩、一端向外開口的金屬管子，有時會有狩獵型的蜂類在裡面築巢。

身為少年科學家的你會注意到，那樣敲柱子會帶來意想不到的實驗結果，也就是一群長著條紋的小昆蟲會飛速衝出柱心，總共大約六、七隻，排成緊密的 V 字陣形，好像迷你版的英國皇家空軍噴火戰鬥機，在英吉利海峽上空對準迷航的敵軍轟炸機高速俯衝！

總之，這些狩獵型的蜂類絕不是花蜂。這種昆蟲跟花蜂和螞蟻有親緣關係，雖然其中很多也會授粉和捕食其他昆蟲（所以對農業助益良多），不過牠們是壞心眼的流氓，毫無打架要公平的概念。

以下是幾種你很可能會撞上的混帳狩獵型蜂類。

## 黃胡蜂

　　學名 *Vespula vulgaris*，俗稱「黃夾克」（yellowjacket）。這些惡棍是最常見的胡蜂，攻擊性強。牠們會受腐爛落果的糖分吸引，因為那是種養分來源，不過牠們也愛吃肉，會在公司的野餐會上，跟你公然爭奪盤子裡的最後一口熱狗。我是建議你啦，把盤子推得愈遠愈好，不要有任何突兀的動作，牠們想要什麼就隨牠們拿，就跟被搶劫差不多。

yellowjacket

— 肉食性
— 性情暴躁
— 覬覦你的熱狗

審訂註：廣義的「胡蜂」包含胡蜂亞科（Vespinae）與長腳蜂亞科（Polistinae，也稱為馬蜂亞科〔Polistinae〕），其下有很多屬。俗稱「黃夾克」的蜂類是黃胡蜂屬（*Vespula*）。

## 紙胡蜂

　　這些胡蜂屬於胡蜂科底下的長腳蜂亞科。會有這個名字，是因為牠們從植物莖部與枯木採集纖維，再混合唾液來築巢，而這些有開放式巢房的巢看起來像紙做的。牠們會授粉並捕食其他昆蟲，例如毛毛蟲和甲蟲幼蟲，所以對環境有非常重要的生物防治功能，很多園藝愛好者也認為牠們是益蟲。不像攻擊性很強的黃胡蜂，紙胡蜂通常只在蜂巢遭受威脅時才會反擊，例如，當一名少年科學家拿棍子敲牠們棲息的金屬管柱。

Paper Wasp

不好惹

Polistes fuscatus

# 泥蜂

　　一天到晚在你家外廊或院子蓋小泥屋的，就是泥蜂（Mud dauber）。有時英文稱為「Mud wasp」，而牠們屬於銀口蜂科（Crabronidae）或細腰蜂科（Sphecidae，或稱穴蜂科、泥蜂科），而不是胡蜂科（該死的泥壺蜂〔Potter wasp〕才是）。泥蜂是獨居蜂，不建造蜂窩（hives），而是用黏土蓋獨間小室來安置卵和幼蟲，並以被蜂毒癱瘓的毛毛蟲和蜘蛛餵養幼蟲。除非你出手打擾，不然牠們對人不會很兇。我的建議：別去煩牠們，牠們通常就不會來煩你，有點像貓那樣，只不過貓永遠都無視你的存在，所以這個比喻大概不太恰當。兩個要記住的重點是：盡量避免打擾泥蜂，貓有時非常自私。

Mud dauber

泥團

Sceliphron caementarium
又叫「黑黃泥蜂」（black and yellow mud dauber）

審訂註：在胡蜂科（Vespidae）之下，分類於螺蠃亞科（Eumeninae）的蜂通稱
「螺蠃蜂」。螺蠃蜂當中，會取水啣泥築成類似陶甕的巢，這種築泥甕巢的狩
獵蜂為「泥壺蜂」。

## 虎頭蜂

　　所有的虎頭蜂（hornet）都是虎頭蜂屬（*Vespa*），嚴格來說是真社會性*的胡蜂，實際上也是體型最大的胡蜂。全世界正式確認的虎頭蜂只有二十來種，大多原生於亞洲，不過歐洲胡蜂（European hornet，學名 *Vespa crabro*）原生於歐洲。這是北美洲唯一真正的虎頭蜂，在 1800 年代由一些顯然愚蠢的歐洲拓荒者帶入境。牠們屬肉食性並吃其他昆蟲為生，但也嗜吃有甜味的水果。攻擊性不是太強，通常只在被踩到或碰到時才會螫人，或是你來到蜂巢附近、太接近牠們的食物來源時。所以基本上牠們隨時可能基於各種理由螫你，但除此之外相當隨和。

European hornet

愛吃水果，也會捕食別的昆蟲

Vespa crabro

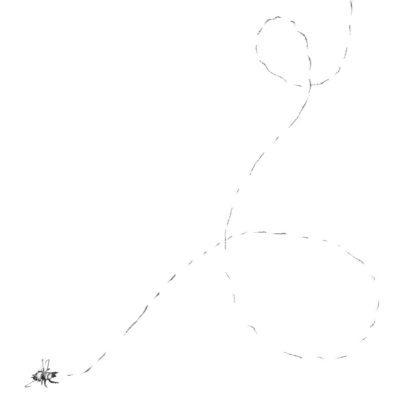

　*真社會性物種（eusocial species）過著群居的聚落生活，大多數成員會分工合作以提供食物和安全保護，並為一小群負責繁殖的成員照顧幼蟲或幼獸，至於負責繁殖的通常是一隻雌性與多隻雄性。

　很多蜂類昆蟲，例如蜜蜂，都是真社會性動物，不過真社會性動物不只有蜂類。例如，自然界有真社會性的螞蟻和白蟻。裸鼴鼠也是真社會性動物，不過牠們好詭異。

# 兇殺現場

　　「Murder hornet」（殺人蜂）真正的名字叫「中華大虎頭蜂」（Northern giant hornet，從前牠的英文名叫 Asian giant hornet），是全世界已知體型最大的虎頭蜂。

　　要是世界上還找得到比殺人蜂更大的虎頭蜂，我們就要請老天保佑了，因為光是想像跟這種殘暴的白痴困處一室，只要一隻就好，保證就嚇得你冷汗直流。

　　這種會飛的惡夢身長將近 5 公分，翅展 7.5 公分，好像這等體型還不夠嚇人，牠們的螫針足足長 6 公釐，是蜜蜂螫針的四倍，能刺穿蜂農的防護衣。

　　「哈哈，」你說，「好了好了夠了，已經夠恐怖了我不想再聽！」真不好意思，再抓一條乾淨長褲備用吧，恐怖的還在後頭呢。

　　牠的毒液含有劇毒──有人形容被螫到的感覺，像被火燙燙的指甲插進肉裡。嚴格來說，牠的蜂毒不是世界上最毒的東西，為了彌補這一點，這個有虐待狂的瘋子會把格外大量的毒液注入受害者體內，以至於人類要是被連螫好幾下會有生命危險，就算不會過敏的人也一樣。

　　一般認為牠們「掠食性極強」，會獵捕其他的胡蜂和虎頭蜂，偶爾心血來潮也會捕殺齧齒類動物。好個變態兇手。

　　喔對了，我有說牠們也會把毒液直接噴進別人的眼睛裡嗎？媽呀！

　　但撇開這些不提，牠們真正的嗜好，聽說是謀殺蜜蜂。

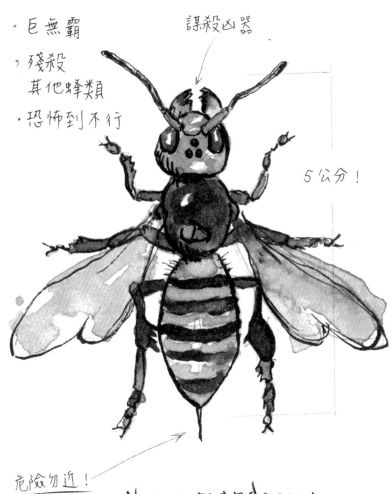

・巨無霸

・殘殺
其他蜂類

・恐怖到不行

謀殺凶器

5公分！

危險勿近！

Vespa mandarinia
northern giant hornet

殺戮模式
全開

total
massacre

　　要是有隻殺人蜂發現一座蜜蜂的蜂巢,就會開始把裡頭的
蜜蜂一隻隻殺死,把屍體當成食物帶回家。牠會這麼連環屠殺
一陣子,最後帶領一群大約三十個朋友飛回那座蜂巢,就這麼
開始抓捕蜜蜂,若無其事地把人家的頭一個接一個扯掉,直到
整群蜜蜂滅絕。這是長達幾小時、殘忍的血腥濫殺,蜜蜂毫無
生還機會。

等全面大屠殺結束，殺人蜂會霸占蜂巢，把那裡當成自己家，和幾千具無頭蜜蜂屍體一起住上幾天。這段期間，牠們會把毫無自衛能力的蜜蜂幼蟲也趕盡殺絕，再把蟲屍帶去餵食親生的小魔鬼。

全程有如 1970 年代恐怖片，只是更恐怖，因為是真實事件！（但也更精采，因為說真的，那些電影多半是爛片。）從前這些冷血的蜜蜂終結者只出現在亞洲某些地區，不過近年在溫哥華、英屬哥倫比亞、華盛頓州都發現了牠們的蹤跡。

目前在北美洲，殺人蜂巢應該只出現在太平洋西北岸地區，不過令人憂心的是，牠們要是在北美壯大起來，可能很快就會重創蜜蜂族群並穩穩生根，恐怕再也無法撲滅。這將是蜜蜂的噩耗，更別提每一個愛吃農作糧食的人。

哪天你要是瞥見一隻這種嗜血的混帳，看在老天爺的份上，拜託你聯絡當地的主管單位。

喔不，其實你應該打給你那一州的養蜂巡守員。根據相關單位建議，你最好保持「適當警戒」（管他是什麼意思），而且在自身安全無虞的前提下，盡快拍照存證並且通報當地負責單位。

# 一般花蜂的身體器官圖

牠們還有一些別的器官，
但先別急，好嗎？

頭

觸鬚（兩根之一）

眼睛（複眼）

翅膀（矮額……）

也是眼睛

※

前翅

腿

後翅

趾爪

胸部（這是真的，不信自己查查看！）

花粉籃！

腹部（肚子）

螫針！

（限用一次！）

審訂註：只有蜜蜂、熊蜂、無螫蜂等少數蜂類的後足才有花粉籃。

# 怎樣才算花蜂？

　　說完了那些不是花蜂的蜂類，現在可以往下講真正要緊的事了，像是「那到底怎樣才是花蜂啊？」

　　科學家大概會告訴你，花蜂是有飛行能力、會採集花粉和花蜜的昆蟲。大家都知道牠們會為植物授粉，有些還會製造蜂蜜。世界上可能有多達兩萬種不同的花蜂，在演化支上被歸於花蜂類（Anthophila），屬於膜翅目（Hymenoptera）蜜蜂總科（Apoidea）。

　　有隻花蜂可能要說了：「嘿，科學宅，有事嗎？你們這群書呆幹麼老是那副德性，好像自以為有資格給我們貼標籤？你又不認識我！」

　　我就會回答：「噓——花蜂，別擔心那傢伙。他只是想憑著為天下萬物分類來指使全世界。透過貼標籤的舉動，把自己象徵性地置於一切物種之上……這大概讓他覺得自己很聰明吧。這些科學家的內心深處都極度缺乏安全感。」

　　那隻花蜂聽了會說：「隨便啦，我才沒時間理這個傻瓜。來，咱們一起彈彈跳跳，出發去找朵好花吧！」

＊花蜂其實有四片翅膀！這有什麼了不起？當牠們飛翔的時候，每一對前翅和後翅會鉤在一起——這就是了不起的地方！這會創造比較大的升力，使飛行更有效率，也更狂。

29

# 花蜂
## 的七大科

　　當我説「花蜂的七大科（family）」，你搞不好
會想：「花蜂的七大家族？！這是什麼鬼？哪本暢銷
成長小説的書名嗎？還是新出的迷你紀錄劇集？或
是什麼蜂派武術的超狂武打片？」

哇噻，我得說，如果是的話，那部電影一定酷斃了——我喜歡你這樣想！

不過呢，其實並不是。我在講的是根據生物學分類，花蜂有七個科。你知道的，就界、門、綱、目、科……「科學」的科啦。

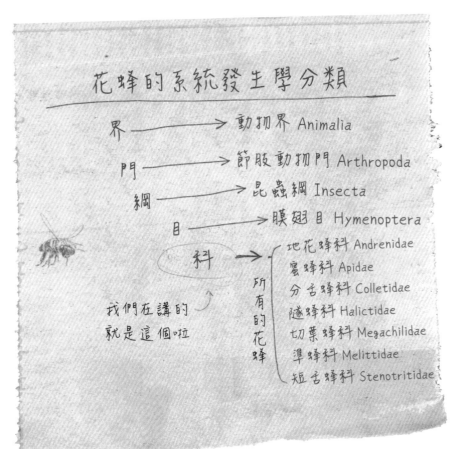

花蜂的系統發生學分類

界 ——————→ 動物界 Animalia

門 ——————→ 節肢動物門 Arthropoda

綱 ——————→ 昆蟲綱 Insecta

目 ——————→ 膜翅目 Hymenoptera

科 ——————→ 所有的花蜂
地花蜂科 Andrenidae
蜜蜂科 Apidae
分舌蜂科 Colletidae
隧蜂科 Halictidae
切葉蜂科 Megachilidae
準蜂科 Melittidae
短舌蜂科 Stenotritidae

我們在講的就是這個啦

# 地花蜂科

　　你大概聽說過這些小不點。牠們的體型比蜜蜂小，大多數長得一身黑，有白色或淺褐色的毛。因為牠們在地底築巢，英文俗稱「地花蜂」（Mining bee），又因為牠們是獨居蜂，所以不會築集合式巢房。在初春時節，雄蜂和雌蜂都會飛出巢交配，然後雌蜂會說：「查理，跟你交往很愉快，但現在掰啦。」之類的話，就自顧自去尋覓築巢的地點了。牠會蓋好幾間小地穴，每間存放一個花粉和花蜜做的小球，還有一枚卵，然後把穴口封住過冬。而且你知道嗎：隔年春天，這些卵會變成成蟲飛出來！地花蜂科之下有很多不同的花蜂，全都是拒絕墨守成規的逍遙派。

Mining bees

Calliopsis rhodophila

# 蜜蜂科

　　重頭戲來了，這一科囊括了最經典的花蜂：熊蜂跟蜜蜂啊，寶貝！此外還有一些超級有趣的角色，像是長鬚蜂（Long-horned bee）、球葵蜂（*Diadasia* bee）、鈍腰花蜂（*Anthrophora* bee，也叫「條蜂」）、木蜂（Carpenter bee），還有超狂的蘭花蜂（Orchid bee）⋯⋯各式各樣多到爆炸，人人都能找到自己中意的一款。

看看那精美的
超級長舌
↓

（伸進蘭花裡超實用）

Green Orchid bee
Euglossa dilemma

# 分舌蜂科

　　英文常說這些小可愛是「Plasterer bee」（水泥工蜂），因為牠們會在巢的內側塗覆一層口器的分泌物，乾了以後就是玻璃紙般的防水塗層。媽呀，有沒有很羨慕？還有，牠們是夜行性昆蟲。好啦，嚴格來說是晨昏型昆蟲，意思是主要在黎明或黃昏時活動。但還是一樣啊，夜行花蜂耶！

也有俗稱「Polyester bee」
（化纖蜂）

但牠們才不穿
化纖做的東西呢。

Caupolicana electa

# 隧蜂科

　　我知道，隧蜂的英文俗名「Sweat bee」（汗蜂）聽起來有夠噁心。但等等！牠們既不噁心，也不多汗，而是受汗水吸引。我是說，對啦，這大概真的有點噁，不過那是因為牠們需要鹽分啊！花蜂嘛，就跟我們一樣。

　　隧蜂生活在世界各地，所以你很可能看過。很多隧蜂的身體是鮮豔的金屬綠、金屬藍，或金屬紅，也就是說，我不知道耶……就很不可思議啊！想想看，一般人類只有無聊的霧面表皮，相較之下，牠們酷太多了。所以我們才會發明金色連身褲嘛。

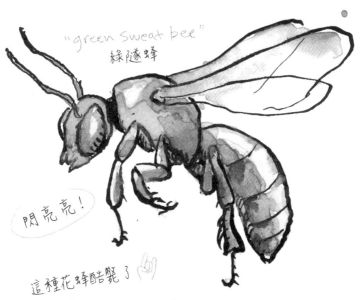

"green sweat bee"
綠隧蜂

閃亮亮！

這種花蜂酷斃了

Augochloropsis metallica

## 切葉蜂科

　　這些狂野的蜂媽媽只會把花粉集中在腹部攜帶，懶得像大多數的花蜂一樣用後腳扛——別雞婆教人家怎麼扛花粉好嗎！切葉蜂科包含筒花蜂（Mason bee）、切葉蜂（Leafcutter bee）、樹脂蜂（Resin bee）、梳毛蜂（Carder bee）等，每種都依照牠們築巢的材料命名（泥土、葉子、天然樹脂，或是動物纖維）。

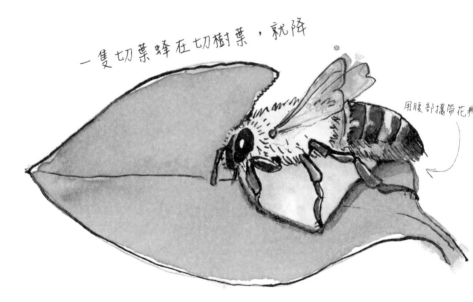

一隻切葉蜂在切樹葉，就降

用腹部攜帶花粉

Megachile centuncularis

# 準蜂科

　　這一科很小，只有兩百多個種類。牠們是獨居蜂，主要生活在非洲和北半球溫帶的乾燥氣候區，在地底挖洞築巢。其他花蜂通常會採集多種不同植物的花粉和花蜜，不過準蜂是寡訪性（oligolectic）授粉昆蟲，意思是牠們專挑特定種類的花，往往只就單一屬或單一科的植物覓食——基本上，牠們對授粉對象非常挑剔，不像我某個親戚，這邊姑隱其名，可是看在老天爺的份上，拜託你自重一點好嗎，傑夫？

寡訪性

對用餐地點
非常挑剔

Macropis europaea

# 短舌蜂科

　　世界上只有二十一種短舌蜂，全都在澳洲！靠北，澳洲怎麼會這麼走運？這些花蜂會挖地穴，體型大又飛得快，而且渾身毛茸茸。仔細想想，多毛這一點聽起來超像狗的。等等。歐買尬，你要是讓一隻狗跟一隻花蜂交配會怎樣？那該有多酷啊？我會把牠們的孩子取名叫嗡汪。總之，從前的人以為短舌蜂科隸屬於分舌蜂科，多虧有位超酷的蜂類科學家麥金利（Ronald J. McGinley），到了 1980 年，短舌蜂被提升為獨立的一科。

很大隻

飛超快！

毛茸茸

惹人憐愛

Ctenocolletes nigricans
(Stenotritidae)

## 關於盜寄生性蜂類

　　「盜寄生性蜂類」（Cuckoo bee）其實泛指很多科的不同蜂類，牠們都演化出在其他蜂巢裡產卵的行為（有點像杜鵑把蛋下在另一隻鳥的巢裡，讓那個冤大頭把她的孩子拉拔長大，但拜託別讓我開始講鳥）。這種行為就叫盜寄生，可謂詐騙無誤，但你要是問我，我是覺得也挺聰明的。盜寄生性蜂類的雌蜂完全沒有攜帶花粉的器官，也不築自己的巢。何苦呢？牠們又沒這必要，是吧？

# 蜂功偉業

　　信不信由你，花蜂類底下的蜜蜂可不是成天飛來飛去，給花朵授粉，看起來美美的就好。牠們有很多重要的工作得做，所以每隻蜜蜂都得盡自己的本分。

# 社會性蜜蜂

社會性蜜蜂過著群居生活，群體型態各有不同，但通常兩代共居，會合作哺育，也根據有無繁殖能力而有社會階級之別，負責不同的勞務。我們管這叫「真社會性」——例如蜜蜂、無螫蜂、某些熊蜂都屬於真社會性蜂類。

我知道這聽起來可能很複雜，但別緊張，基本上這只代表在集合式蜂巢裡，每隻成員都要在三種非常專門的工作中負責其中一項，而且一做就是一輩子。

## 工蜂

蜂群裡絕大部分都是工蜂。在真社會性蜜蜂的三種社會階級裡，這些不具繁殖力的雌蜂體型最小。之所以叫「工蜂」，是因為苦差事都由牠們搞定。牠們負責築巢，採集花粉和花蜜，也製造蜂蜜。牠們搧動翅膀給蜂巢通風，在調節溫度之餘也使蜂巢不會太過潮溼。牠們餵養幼蟲，伺候雄蜂，侍奉女王蜂，要是女王蜂不再產卵，牠們就會推翻這個臭女人，再拱一隻新的上位。工蜂可不是好惹的。

## 雄蜂

雄蜂的體型通常比雌性的工蜂來得大。

審訂註：蜂群失去女王蜂後，工蜂在沒有交尾的情況下也能產卵，只是產下的全是未受精卵並發育成雄蜂，這種未受精卵也可以發育為雄蜂的現象稱為產雄孤雌生殖（thelytokous parthenogenesis），失王後，工蜂數量逐漸減少會導致蜂群瀕臨滅亡。

「等一下，」你八成會想。「你剛才不是説什麼事都雌蜂在做嗎！那雄蜂到底負責幹麼？」

這個問題太棒了，感謝提問。認真的回答是：「就擺明整天閒著沒事幹啊。」因為雄蜂就是這樣，在巢裡一點活也不幹。真相是：牠們晾在那裡只為了跟女王蜂交配——不意外。

除了繁殖，雄蜂大部分時間應該都在旁邊占用空間納涼吧。牠們甚至連螫針都沒有，搞屁啊。老實説，身為蜜蜂家族的成員，牠們簡直無用透頂。

每當冬天逼近，食物來源即將稀缺，雌蜂往往會把好吃懶做的雄蜂踢出巢外。閃卡邊啊，魯蛇，什麼「寶貝求求妳」的屁話也不必拿出來講了。


## 抱歉再講一下雄蜂

我們已經知道雄蜂是遊手好閒的角色。牠們或許沒有螫針，複眼卻比其他階級的蜜蜂來得大，這不只讓牠們的外型比較亮眼，也幫助牠們看得更清楚，當牠們隨女王蜂出巢婚飛時，這可重要了。説真的，這就是牠們唯一的長處了。

# Honeybee Jobs

工蜂

雄蜂

女王蜂

# 女王蜂

在目前提到的三種社會階級裡，女王蜂的體型最大，你要是想當蜜蜂，這應該會是你想擔任的職務。可惜每個蜂巢只有一隻女王蜂，所以你上位的機會恐怕有點渺茫。

你大概會覺得當女王蜂一定很爽，就在那邊指使每個人，整天有工蜂伺候你、餵你。話說她雖然頂著那個頭銜，實際上並不如你想像的威風。她唯一的職責就是繁殖後代，這雖然代表她不必採集花粉、做任何日常的苦工，不過她每一天都得產下一千到六千枚卵，可夠她忙的了。

等到蜂群足夠壯大，女王蜂可能會覺得生命該向下一階段邁進了，這時她會帶著一部分蜜蜂一起飛走，找個地方建立新的蜂群。這叫「分封」（swarming）。

留在原本蜂群裡的工蜂會想說：「這樣啊，太好了，看樣子我們得再生一批全新的候選女王蜂出來，誰叫我們還不夠忙呢？」作法是拿一種營養豐富、叫「蜂王乳」的食物哺育幾隻雌幼蟲，這麼一來，在特別為她們建造的「王台」裡，這些幼蟲就會發育成「處女王」。

處女王一旦羽化，就開始追殺可能跟她爭奪王位的其他處女王，除非她自己先被對手幹掉。這麼對待親姊妹好狠心哪，但也沒辦法，因為只有一隻能登基。你要是不相信我，去把歐洲各國歷史看過一遍就知道了。

總之，一旦所有對手都被滅口，勝出的處女王就會出門慶祝，跟一大票雄蜂交配，可以的話大概十幾隻吧。雄蜂一交配

---

審訂註：根據文獻，女王蜂一天產下 1500~2000 顆卵。

完就掛了，畢竟牠們活著只為了這檔事。至於現在已經不再是處女的女王蜂會返回蜂巢，開始在二到七年的餘生中不停產卵。要是有本事拿到這份工作，還真是挺不賴的。

# 獨居蜂

真社會性蜜蜂在蜂群內有終生不變的工作階級，但其他花蜂就不是了。很多花蜂，例如筒花蜂、木蜂、切葉蜂，統稱為「獨居蜂」，意思是牠們不過集體生活。

獨居性花蜂的每隻雌蜂都有繁殖力，會築自己的巢並大量產卵。卵孵化成蟲後，每隻新生的雌蜂也都有繁殖力，會繼續交配並產下自己的下一代。所以牠們沒有生殖階級之分，既沒有女王蜂，也沒有工蜂。雄蜂依然只為了交配而存在，要不然你以為呢？

有些人對花蜂的角色抱持傳統的觀念，聽到這裡可能會覺得豈有此理，那是因為他們太老古板了。我是覺得獨居蜂勇氣可嘉。這些花蜂才不甩真社會性蜂巢的社會期待，也不甩任何人對蜂類性別角色的刻板印象——牠們每天大方亮相、我行我素，盡可能忠於自己活出最棒的一生，我覺得這很了不起。本人堅決力挺獨居蜂。

# 蜜蜂怎麼製造蜂蜜？

　　沒人知道蜜蜂究竟是怎麼製造蜂蜜的，不過呢——哈哈，騙你的啦，我們當然知道牠們在幹麼，而且我這下就來說個明白。

不過呢，在我們一探究竟之前，先來說說什麼是蜂蜜。你或許以為關於蜂蜜，該知道的你都知道了，但我還是來解釋一下。很精采唷，不騙你。

　　數千年來，蜂蜜都是人類珍視的甜味劑和貴重商品，事實上這還有考古證據，例如描繪蜜蜂和採蜜活動的洞穴壁畫，顯示遠在九千年前，史前時代的農民已經在採集蜂蜜啦！

　　附帶一提，在任何人記憶所及之前，熊和獾老早就在採食蜂蜜了，所以人類實在難說是率先加入蜂蜜狂歡趴的物種，不過率先加以記錄的還是我們，總之就我們所知是這樣……我是說，熊就很不會畫畫啊，所以我們恐怕無從得知牠們有沒有搶先一步，因為我們可能只看到樹上有些黃黃的汙漬，根本鬼畫符，誰認得出那是蜜蜂？哈哈，想的美，熊熊。

總之呢，蜂蜜香甜可口，有了牠，花生醬吐司也值得入口了。蜂蜜主要的成分是糖，此外也含有氨基酸、維生素、鐵和鋅等等礦物質，以及抗氧化劑。牠具有消炎的功效，能當止咳劑，研究也顯示蜂蜜與不少可能的健康益處有關，例如降低心臟疾病風險、加快傷口癒合、預防失憶等等。

阿娘喂，還真教人難以置信！不過我差點忘了提，蜂蜜最教人難以置信的一點，就是這玩意兒是蜜蜂做出來的。蜜蜂欸！工蜂羽化後大約三週大時開始飛出巢，在野外採集花粉和花蜜。（乍看好像小小年紀就出外工作，不過牠們的壽命只有兩個月左右，所以這個時間點其實比較接近中年。）這些野外採集家到處搜尋花朵，可以攜帶跟自己等重的花蜜，很厲害耶，你要是曾經在飛翔時試著身負跟自己等重的東西，就更懂這有多厲害了。

蜜蜂跟蛾不一樣，蛾用噁心的長喙吸食花蜜，執行採蜜任務的蜜蜂則用小巧的舌頭快速點取花蜜，很可愛吧，而且非常精準有效率，完全符合蜜蜂的形象。

# 歡迎來到黃金屋

　　雖然現代人經常天然、人工傻傻不分，但嚴格來説，「蜂箱」（beehive）是指人造的棲息處，供馴化的蜂群居住，「蜂窩」（nest）則是自然生成，不論產不產蜜的多種蜂類都可能住在裡面。

　　現代的人造蜂箱雖然不如傳統樣式那麼好看，其實設計精良，上蓋能打開，還有活動式巢脾，採收蜂蜜既方便又不太會損傷蜂群。

　　現在一提起蜂箱，我們很容易聯想到有獨特圓錐造型的那種（也常被用於蜜蜂、蜂蜜或養蜂業的代表符號），這源於一種古老的蜂巢設計「蜂窠」（skep beehive），是把柳條編的籃子倒置，再以泥漿和家畜糞便塗覆。蜂窠和那種中空造型使得採收蜂蜜十分困難，往往也得先把蜜蜂全部殺死。蜂農得把整個蜂窠翻朝天，把巢脾全數割除，有時還直接把蜂窠送進碾壓機，再收集榨出來的蜂蜜——這手法未免太極端，也不難想像，在現代消費者眼裡，大多數人應該會覺得那個「糞蜜比」高得無法接受。

蜂箱

蜂窠

蜜蜂把花蜜儲存在一個叫「蜜囊」的特殊胃袋裡，要是牠累了，可以打開上面一個特別的瓣膜，就能把富含糖分的花蜜釋入一般的胃，消化成能量。快，把剛才那段再讀一遍。這就是在飛行途中自行添加燃料啊，太狂了吧！可是蜜蜂就要說了：「沒什麼啦，人家天生就是這樣。」

　　等牠回到家，會把花蜜卸載給巢裡另一隻蜜蜂。巢裡的蜜蜂用口器把花蜜從一隻交接給另一隻，同時混入唾液裡的特殊酵素（叫「轉化酶」，會分解花蜜裡的蔗糖），再把這種蜜汁存放到巢脾開放式的六角形巢房，等到蜜汁的溼度從大約 70% 降為 20%，花蜜也就轉為蜂蜜。

　　好，請給我一分鐘，因為我的老天爺，這也太神了吧！這是化學跟蒸散作用沒錯，可是，哇噻。天底下有什麼事情是蜜蜂辦不到的？我是說，一定有很多，但還是一樣啊，哇噻。總之，接下來工蜂接會用蜂臘把蜂蜜封存起來，之後再與花粉混合成富含糖分和蛋白質的蜂糧，等卵孵化後餵給幼蟲吃，蜂群就靠著這些庫存熬過食物稀缺的冬季（除此之外，還要記得把雄蜂踢出巢外）。

　　碰嘎！蜂蜜魔法。

# 蜜蜂怎麼製造蜂蜜？

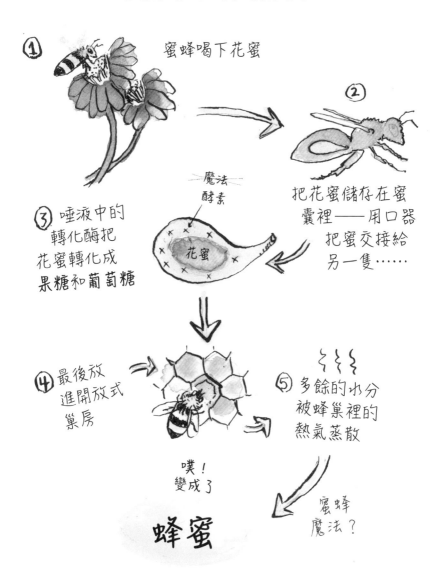

① 蜜蜂喝下花蜜

② 把花蜜儲存在蜜囊裡——用口器把蜜交接給另一隻……

魔法酵素

花蜜

③ 唾液中的轉化酶把花蜜轉化成果糖和葡萄糖

④ 最後放進開放式巢房

噗！變成了

蜂蜜

⑤ 多餘的水分被蜂巢裡的熱氣蒸散

蜜蜂魔法？

# 歐買尬，
# 不只是為了蜂蜜

　　好啦，這下我們都同意蜂蜜很神奇，但不是所有的花蜂都會產蜜。全世界大約兩萬種花蜂當中，大概只有一百種會產蜜，而且全屬於蜜蜂科。沒錯，絕大多數的花蜂根本不產蜜。

　　那又怎樣？難道花蜂非得為你沒完沒了地供應蜂蜜，才有資格獲得重視和珍惜嗎？牠們活在世上，不單是為了不斷打出甜滋滋的玩意兒，好讓你想都不想就拿來澆滿你的原味有機優格。牠們日復一日起床上工，可不只是為了生產那得來不易的蜂蜜，好讓你加進洋甘菊蕁麻茶裡，以為這樣就可以勉強下嚥。最好是你真的愛喝那種茶。花蜂大多不過是跟每個人一樣，想好好過日子、哺育下一代。容我提醒你，牠們同時也為我們的花園和農作物授粉，只有苦勞沒有功勞，而你要是有能耐止住你對香甜可口的蜂蜜流的口水，一分鐘就好，或許可以考慮對這一點略表謝意。真是的，你是怎樣，餓昏頭的熊嗎？

審訂註：全世界會產蜜的花蜂，蜜蜂 9 種、熊蜂約 250 種、無螫蜂約 500 種。

# 六角行不行

我們都聽過蜜蜂窩，不過，那究竟是什麼？

蜜蜂的巢脾蜂蠟做成，是蜜蜂生存所不可或缺的。巢脾由環環相連的六角形巢房（cell）集結而成，蜜蜂蓋來儲存花粉、花蜜和蜂蜜，也用於養育後代。

蜜蜂會蓋蜜蜂窩，原因應該不難理解。你們要是有人不懂，現在可以停下來稍微想想。要是花了幾分鐘還是想不通，沒關係，那就別費事了，從現在起開開心心看書裡的插圖就好。

巢房有獨特的六角形結構，所以是自然界最常被拿來研究的單元構造。要是有人喜歡炫耀自己的數學有多強，又搞不懂除了另一個數學家，世上根本沒人覺得這門鬼學問有趣，那他肯定會把這件事講成一團術語漿糊。但我們就直接切入重點簡單講，蜜蜂窩這麼迷人，因為那是蜜蜂蓋的，而且牠們雖然想蓋什麼形狀都可以，卻總是蓋成相連的六角形。

用蠟蓋成巢房來養育後代、儲存食物，是件很消耗時間、精力和資源的事，所以你要是蜜蜂，一點空間都不會想浪費，很顯然嘛。可是為什麼不蓋相連的方形，還是更簡單的三角形，偏偏要選複雜的六角多邊形、每個角 120°？或許早在幾何學發明以前，人類就在納悶這件事了。

於是瓦羅（Marcus Terentius Varro）登場了。從前他公認是古羅馬最偉大的學者之一，那你也知道，這會讓一個古代

的書呆子自我膨脹到什麼地步。公元前 36 年，瓦羅猜想，六角形能蓋出最緊密排列的巢房結構，從而最有效地利用空間。從此以後，這個想法就成為學者間最普遍的信念，如今稱為「蜂窩猜想」。（這邊跟你透露一個小祕密：學者說「猜想」的意思是，他們自認是對的，實則不過是瞎猜。）

總之，事實證明他挺會猜的，因為在 1999 年，事隔僅僅兩千年多一點點之後，美國密西根大學一個叫托馬斯·黑爾斯（Thomas Hales）的數學家為這個猜想拍板定案，證明了這種六角形格柵能用最短的總周長，將特定表面劃分成大小相等的區塊，而且他是用數學推算證明的。

所以說，想要有效率地利用蜂蠟，六角形是最合理的蓋法，我們也知道蜜蜂喜歡效率。不過牠們是怎麼辦到的？蜜蜂有很多神奇的本領，但就我們所知，用量角器不是其中之一。

不過，蜜蜂連幾何學也不必懂，因為牠們天生就什麼都會。首先，工蜂用口器把小蠟塊嚼軟，接著用腿、顎，有時還加上觸角，把蠟塊塑成小圓環。這個小環的周長與牠們自己的胸部相當，又因為同一聚落裡的工蜂個頭都一樣，所以小環的尺寸也整齊劃一。下一個小環會貼著前一個蓋，諸如此類。蜜蜂將巢內的溫度維持在攝氏 30 到 35 度之間，恰好也是蜂蠟延展性最佳、又不至於化為液狀的溫度範圍。

這些小環緊貼彼此蓋成，又因為辣妹工蜂熱力四射，牠們用體熱融化蜂蠟，把具有黏彈性的蜂蠟漿注入相鄰的三個小環間，填滿交角處，就這麼將小圓環化為經典的圓角六角形。

不管怎麼看，我都覺得這好像什麼強大的蜜蜂魔法。你可以不藉助任何工具就用蠟蓋出完美的六角形，而且大小跟你的身體恰恰相等嗎？絕對不可能啊！

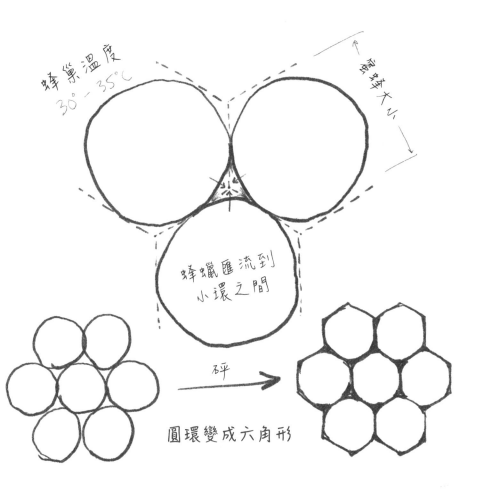

蜂巢溫度
30~35℃

蜜蜂大小

蜂蠟匯流到
小環之間

砰

圓環變成六角形

花蜂
比你以為的
更聰明

有人可能會以為花蜂不怎麼聰明，畢竟這種昆蟲的大腦不到 2 立方公釐（人類大腦的 0.0002％），裡面又只有不到一百萬個神經細胞。絕對很蠢，對吧？錯！去你媽的大頭，因為花蜂即使腦袋相形很小，還是有本事展現一卡車令人讚嘆的行為跟學習能力。牠們能感應並解讀費洛蒙、氣味、味道和色彩（就連紫外線也行）；牠們能生成周遭環境的認知地圖；牠們能溝通複雜的資訊以彼此協作。

　　因為這些原因，科學家在研究智能、感知和認知時，花蜂是他們最愛拿來當作模型的動物之一。我猜你也可以研究海豚啦，不過隨便哪個海洋生物學家都能告訴你，海豚的笑聲很吵，又有魚腥味口臭。

# 蜂學習

我們知道花蜂很擅長聯想學習*，所以採集食物很有效率，能專攻好料最多的花朵，甚至會隨環境條件的變化順勢調整採集模式。

「對啦對啦，蟲蟲就很會牠們會的那些事，」你說。「啊不就好棒棒。」可是你知道嗎？牠們顯然也很擅長解決問題，即使是跟自然行為完全無關的作業，也能學會完成──就算得使用新工具也行。在一項實驗中，熊蜂學會了把球滾進洞裡觸發開關以取得蔗糖。牠們之所以學會這麼做，是從旁觀察研究人員拿一根黏著假蜂的棍子把球戳進洞裡。而且那隻東西真的很假，我懷疑騙得過任何人，不過熊蜂太有禮貌，只是默默看著研究人員怎麼做。牠們光看一次就能依樣畫葫蘆，甚至在連試幾次之後，摸索出更有效率的作法。我要是那個手持可疑假蜂棍子的研究人員，恐怕會覺得無地自容。

科學家曾經認為只有人類會使用工具，而且這種能力證明我們是世上唯一有高級智能的物種。但我們後來陸續發現，很多靈長類、海洋動物和鳥類都會使用工具，現在又連花蜂都能操作人工物品完成作業。你看看，原來那些科學家不過是自大的傻逼。

* 聯想學習在動物行為中的定義是，在任何學習過程中，將某個新反應跟特定刺激連結在一起。例如，你開了一個鮪魚罐頭，因為你人很好，於是分了一點給你的貓吃。從此以後，每當你出於某某理由使用開罐器，那個自以為是、踮個二五八萬、老把窗簾抓破的掉毛機就會突然現身，一副「我是你主子」的模樣，等著吃免費鮪魚。那就是聯想學習。

# 舞蹈語言

　　這聽起來好像什麼暑期選修課，由人類系主任和藝術學院的怪咖教授合開，不過我們講的不是這個。我們在講的是蜜蜂的舞蹈語言，更精確來說是蜜蜂的「搖擺舞」，而且這真是不可思議到見鬼的地步。

　　首先，蜜蜂跳起舞來確實有兩把刷子，但遠不只是優美的舞步跟絕佳的韻律感。舞蹈是蜜蜂的一種溝通方式，而且我說的不是充滿藝術氣息、現代舞之母瑪莎‧葛蘭姆（Martha Graham）詮釋舞蹈那種，牠們真的是透過舞蹈傳達精確的客觀資訊。

　　出外採集的蜜蜂找到飽含花蜜和花粉的花朵，又確定了前往的絕佳路徑，回巢後自然會想告知眾姊妹，好讓大家一起行動。其他負責採集食物的工蜂聽了會想說：「讚啦，咱們全體出動把這朵花給採了。」可是牠還得把方向告訴大家，這可不容易，因為人類的市政府顯然不會為五花八門的首蓿草坪分配地址。

所以那隻工蜂就會開始跳搖擺舞——成功採集到食物的蜜蜂，能用這種方式把食物的位置告訴同伴。跳舞的蜜蜂沿著蜂巢內牆直線移動，搖擺腹部、振動翅膀發出低頻的嗡嗡聲。然後畫個半圓回到起點，再度沿著那條直線搖擺，又經反方向畫另一個半圓回到起點。以一個 8 字形結束整套舞步。現在聽好了，我發誓我沒在唬爛：跳舞的蜜蜂以太陽在地平線上的方位為基準，把身體擺成蜂巢到食物方向的角度。例如，身體垂直向上表示跟蜂巢到太陽的方向一致，所以向右偏 15°，就表示食物在地平線上的太陽右邊 15°。

　　還有，牠搖擺的強度代表食物的品質，搖擺的時長則代表食物與蜂巢的距離（在「蜜蜂語」裡，搖擺一秒大約等於 1000 公尺）。

　　工蜂跳舞時也會釋出一些費洛蒙，很可能在表示：「照過來，妳們這群臭女生！我知道哪裡有絕世好花等著被採，就在那裡！」

　　還有證據顯示，有些蜜蜂要是沒有立刻飛到食物所在地點，也會隨太陽的動向應變，因此就算過了一段時間，還是能推算出花朵的位置。

　　媽呀，這種導航能力根本神等級。

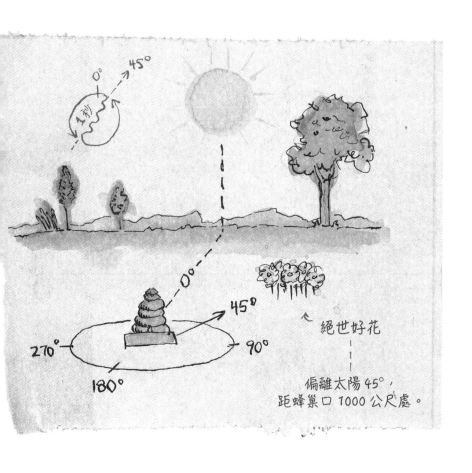

絕世好花

偏離太陽45°，
距蜂巢口1000公尺處。

# 花拳粉腿

　　花粉看似顏色鮮豔的粉末，實則是種子植物的小孢子，而且你要是隻花蜂，毛茸茸的小身體免不了會沾滿這玩意兒。花蜂在花朵間穿梭的同時，把花粉從一株植物的雄花器傳給另一株的雌花器，也就是植物受精的地方，然後——砰！授粉就完成了。花蜂為了採集花粉，每天會尋訪 50 到 1000 株植物，端視那些植物有多少花粉可採。一個普通大小的蜂群，每一季得採集大約 45.5 公斤的花粉，這是花蜂飲食不可或缺的一部分。要攝取蛋白質、碳水化合物、維生素，礦物質和其他養分，花粉是關鍵來源，所以花蜂也才會老是在百花叢中打滾。不過牠們究竟是怎麼採集花粉又運回巢的呢？你可能在想：「喔喔，這題我會！」但別太得意，因為你可能有所不知，實情的另一面會讓你驚呆了。

　　花蜂飛翔時，翅膀會因高速拍動而生成正靜電。「不可能！」你想。偏偏就是可能，帶電的花蜂一天到晚都在到處飛。花朵中的花粉帶有負靜電，當花蜂降落到花心，細小的花粉被從花藥上震鬆，又被花蜂帶正電的體毛吸引，所以花蜂連碰都不必碰，花粉就這麼跳上牠的身體。

　　順道一提，有項研究顯示，花蜂實際上可能會透過體毛感應花朵的電場，要是哪朵花的負電變得很弱，花蜂就知道那裡的花粉已經被採走，於是就不會白費力氣，而是改飛往另一朵能量場比較強的花。

　　驚呆了嗎？不用謝我。

等花蜂像有磁吸力的超級英雄把花粉採完，就會用腿把全身花粉掃到一處，不是集中到腹部就是到後腿上，看牠們是哪一種花蜂而定。這種挪動花粉的方式是比前面平凡很多，但我哪有資格批評？

　　一回到巢裡，採集食物的花蜂就把自己打理乾淨，將花粉卸載到靠近幼蟲區的花粉儲存室，之後要用來餵食幼蟲。此外當然也要餵食懶鬼雄蜂，至少直到蜂群不必靠牠們繁殖為止。

諸如蜜蜂這類用後腿攜帶
花粉的蜂種，會把花粉打包進
「花粉藍」（corbiculae），
而這其實是高度特化的腿毛。

一大坨
花粉

# 偉哉蜂蠟

　　古希臘哲學家亞里斯多德認為蜂蠟源自植物。他推測，蜜蜂從花朵和樹木採蠟，再用腿攜帶回巢。同時代的其他希臘學者更列出含蠟的植物名單，甚至評比出優質蠟源植物榜。

　　到了十七世紀中期，一些頂尖博物學家達成重大突破，例如荷蘭生物學家揚·斯瓦默丹（Jan Swammerdam），他們認為蠟是蜜蜂用花粉轉化成的，至於是怎麼個轉化法，這些博物學家的看法不一（比方說，是花粉混合唾液，花粉混合蜂蜜，又或許是螫針裡的某種物質？），然而他們有志一同，都認為蜂蠟源於花粉。

　　現在我們知道，蜂蠟其實是工蜂透過生物機能製造的——牠們把蜂蜜代謝成蠟，由下腹的蠟腺分泌。其他的工蜂把這些迷你蠟片收集起來，用來蓋蜂巢的巢房。

　　很顯然，不論古希臘哲學家或文藝復興時期的書呆子，根本都搞不清楚蜂巢裡究竟是怎麼一回事。他們好像只是隨口亂掰，裝出一臉聰明樣而已。

喔，對了，蜜蜂的翅膀每秒拍動大約 200 下！所以才會發出那種獨特的嗡嗡聲。

相較之下，蜂鳥每秒拍動翅膀 55 下，簡直懶得不像話。

# 群聚，
# 還是保持社交距離？

對大多數人來說，不期然撞見一大坨蜜蜂可能很嚇人，因為你不過是自顧自走路，卻赫然發現有蜜蜂糾結成一大團扭來扭去，可能就垂掛在你身旁的樹枝上。有時你天性中不是打就是逃的警鈴因此被觸發，那我們也都知道如果你選擇打架的話誰會贏。

所以呢，叫你的邊緣系統冷靜一下。即使很多人似乎都這麼想，不過，蜜蜂群聚不是因為被惹毛了、看人類把地球摧毀殆盡就想報復一下。

蜜蜂群聚是為了「分封」，也就是蜂群要分成小群並增生，這是一種正常的蜜蜂行為。蜂群成員的數量一旦飽和，又或者食物來源太稀缺，工蜂就會暫停餵養女王蜂。女王蜂於是不再產卵，體重也開始減輕，等她瘦到可以飛行就會離開蜂巢，並帶走一部分的蜜蜂。

牠們會在原本的蜂巢附近先找個歇腳處並聚集起來，就像你在頭頂那根樹枝看到的。其中一小群蜜蜂緊接著飛往四面八方探勘，尋找蓋新巢的理想地點，再飛回來用搖擺舞告訴大家有哪些選擇。一旦決定了最佳地點，這群蜜蜂就會飛離歇腳處去形成新的聚落。向外分封的蜜蜂只能攜帶胃囊裝得下的蜂蜜，所以只有短暫的空檔選擇新的築巢處並前往那裡，通常不到幾小時就會到新家安定下來，否則新的聚落就無法存活。

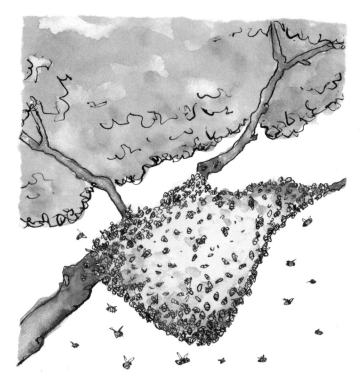

　　因為分封的蜜蜂沒有後代要保護，又一心想為女王蜂找個新家，所以通常不具攻擊性，但牠們要是覺得蜂群可能有難，絕對會發動攻擊。所以你還是保持距離為妙，相信我，你不會想犯蠢招惹蜜蜂的。

　　要是分封的蜂群暫歇在對人類可能造成危險的地方，附近的蜂農可能會被叫來處理，他們通常能把蜂群抓起來安全移走，又不會對牠們造成傷害。

　　至於留在原本蜂巢裡的工蜂不是催生新的女王蜂，就是原有的某隻處女王會交配，無論如何都會有個誰被拱上位，日子又照常過下去。

# 蜂神榜

搶先爆料：每一種花蜂都很酷（當然啦）。不過這裡有幾種花蜂，我實在太想告訴你牠們有多酷了。

　　好啦，你要是想跟我認真，花蜂的確不只是酷
（cool），也有「火熱」（hot）的一面。牠們會
利用體熱加上搧動翅膀來調節巢內的溫度。蜂群要
想存續，幼蟲區一定要全年保持在最適溫度，也就
是平均攝氏35度（對我們這些住在美國、沒那個
常識像全世界別的地方一樣在1970年代改採公制
單位的人來說，這代表華氏95度）。請問我們現
在可以來講這些酷花蜂了嗎？

# 西方蜜蜂

*Apis mellifera*

哇噻，你對這隻花蜂有什麼看法？每當有人提到「蜂」這個字，你腦海裡浮現的八成是「西方蜜蜂」。這可能是有史以來最出名的蜜蜂，也實至名歸。牠們為人類提供蜂蜜幾千年了，看起來還是那麼有型有款。牠們身為授粉昆蟲的表現如何？出神入化。看牠們採集花粉，會讓人以為這是小事一樁。說牠們於我們恩重如山應該不為過，因為要是沒有蜜蜂，現代全世界的農業早就完蛋了，表揚人家的功勞是應該的。

而且，在兇狠的身型，黑黃分明的條紋，還有數量恰到好處、用來沾花粉的軟絨毛之間，牠們取得完美的平衡，造就了一身俐落的外表。你要是問我，我會說牠們深得花蜂本色的精髓。

我是西方蜜蜂的鐵粉，一天到晚撞見牠們，也有一卡車的問題想請教，可是我被牠們的巨星風采迷昏頭了。雖然我一直想擺出不在乎的酷樣，卻總是傻笑得合不攏嘴，脫口而出「蜂蜜好好吃！」這類蠢話。

歐買尬，我剛才真的大喊「蜂蜜好好吃」嗎？牠們一定覺得我是徹頭徹尾的白痴。

( European Honeybee )

・會製造蜂蜜！
・蜂界巨星！
・超酷的。

Apis mellifera

# 黃臉熊蜂

*Bombus vosnesenskii*

　　大家應該都能同意，這些圓滾滾的小毛球可愛得太超過啦！你看看嘛，牠們跟蜜蜂一樣是真社會性花蜂，每個聚落大約有兩百隻成員，把巢築在乾燥的地洞裡（！）。牠們替多種花卉和蔬菜授粉的功力高強，好像要喜歡牠們還需要別的理由一樣。

　　牠們的攻擊性不是很強，感覺是那種脾氣很好，順其自然型的花蜂——人家不過是在享受生活好嗎？你要是看過牠們用慢動作在你家花園兜圈子，在花朵間開心地彈來彈去，一副不趕時間的模樣，你就知道我是什麼意思。

　　跟牠們一起打發時間一定很有趣。你知道啊，就喝個一、兩杯啤酒，在後陽臺上放點雷鬼樂，大家在那邊交流給番茄授粉的往事。黃臉熊蜂是北美洲西岸的原生種，從加拿大英屬哥倫比亞到墨西哥下加利福尼亞州都看得到，或許這就是牠們個性超好又超悠閒的原因。

yellowfaced bumblebee

好毛唷......

大個子配
小翅膀！

ㄟ很好

受不了，
這隻尚讚啦！

Bombus vosnesenskii

# 全世界最小的花蜂

*Perdita minima*

其實，世界上或許還有比牠更小的花蜂，但誰會知道？像這種體長只有2公釐的東西，還真要用顯微鏡才看得到。牠們是獨居的地花蜂，分布於美國西南部，把只有一咪咪大的獨間小巢蓋在沙質土壤裡。

只可惜，因為牠們天生小不溜丟，除非你是隨身攜帶顯微鏡尋找牠們的蜂類科學家，否則絕對無緣一見。此外，牠們渾身大地色系，你要是想在沙漠裡找東西，這實在沒幫助。

或許正因為通常很少有人看得到牠們，除了「全世界最小的花蜂」，這小不點沒有別的俗稱，實在可惜，因為那聽起來好像什麼招牌，掛在園遊會老哏的雜耍表演帳棚外頭，門口只有麻雀兩三隻。我們大家應該有同感，牠們值得一個更響亮的暱稱——我絕對會叫牠們「小蜂顛」（Li'l Beezies），如果你是研究蜂類的科學家，快拿去用啊，別客氣。

# The World's Smallest Bee!

全世界最小的花蜂！

不是這隻

是這隻

沒錯，這是
照真實比例畫的

（呃，對啦，我說是就是。）

牠們全身不到2公釐，所以別煩我好嗎，
你誰啊你，畫畫糾察隊？

Perdita minima

# 泰迪熊蜂

*Amegilla bombiformis*

你沒聽錯，就是「泰迪熊蜂」。你要是還不相信花蜂很可愛，這一隻應該會讓你改變心意！

牠的種名「bombiformis」意思是「熊蜂的外型」，雖然這個矮肥短的小傢伙有時會被誤認為熊蜂，其實牠是一種無墊蜂屬（*Amegilla*）的澳洲花蜂（Australian mason bee），渾身橘褐色絨毛，像泰迪熊那樣。

聽説很多人好像覺得泰迪熊「很可愛」，天曉得是為什麼，我個人是認為泰迪熊很詭異。沒錯，起初牠們一副和藹可親的樣子，可是沒多久就開始磨損掉毛、填料東漏西減，最後只剩一隻鈕釦眼睛鬆鬆掛在分岔的縫線上，卻還是盯著你看……矮額，謝了，我才不想要。

説歸説，我同意這隻長得像小熊的花蜂很可愛。等等，牠能跟蜜蜂交配？喔喔，讚啦，本人絕對支持。給我熊熊蜜蜂，其餘免談！

"teddy bear bee"

1. 顏色褐褐的
2. 毛茸茸
3. 豐滿討喜

Amegilla bombiformis

# 燈籠褲蜂

*Dasypoda hirtipes*

　　你看這隻！雌蜂的後腿毛多到不行，沾得滿滿都是花粉，好像穿著鮮黃色的燈籠褲！牠絕對是準蜂科裡最潮的時尚達人。

　　這隻潮蜂有時也被叫做「毛腿地花蜂」（Hairy-legged mining bee），聽起來也太沒想像力了，而且你要是問我，我是覺得這樣講人家很壞心。這或許是為什麼某個獨具剪裁品味又有同理心、知道攻擊別人相貌很不可取的朋友，決定要叫牠「燈籠褲蜂」。

　　而且，哇噻，可以來個人幫牠做一件迷你黑夾克和花粉黃絲巾嗎？

# pantaloon bee

時尚達人的雙腿造型！

靠！
瞧瞧這驚人
的花粉量！

燈籠褲蜂能攜帶
巨量花粉，
因為牠們的後腿
超多毛。

（留點口德，沒人想被
叫成什麼「腿毛姐」。）

Dasypoda hirtipes

# 南瓜蜂

*Xenoglossa strenua*

每當有人說「南瓜蜂」，其實是在說一種屬於長鬚蜂族的花蜂，不是小南瓜蜂屬（*Peponapis*）就是大南瓜蜂屬（*Xenoglossa*）。這兩個屬有親緣關係，都俗稱「南瓜蜂」。我知道很混淆，但別擔心，因為不知為何，科學家或這些花蜂自己都覺得傻傻分不清無所謂。

這邊要介紹的是一種蜜蜂科的長鬚蜂，而且這些漂亮的大花蜂名副其實，擅長給南瓜授粉，很令人興奮吧！對，南瓜！

我知道很少有人聽到南瓜會興奮莫名，可是請你看一眼這隻又大又迷人的花蜂。

牠們從南瓜屬（*Cucurbita*）植物的花朵採集花粉，雌蜂早上就報到，雄蜂晚點才現身，而且會在花間逗留。隨著一天過去，花瓣開始縮合，雄蜂有時會被困在花裡，只好在裡面待上一晚。各位男性同胞，我們都知道那有多尷尬，是吧？

# Squash bee

1. 為南瓜授粉。

2. 雄蜂可能會困在南瓜花裡。

3. 我是說，誰都有可能遇到這種事嘛。

南瓜應該不介意吧，我猜。

Xenoglossa strenua

# 石南熊蜂

*Bombus jonellus*

快看這些小不點熊蜂！牠們偏好蘇格蘭和雪特蘭群島石南荒原的花朵，所以被取了這個名字，但歐洲大半地區其實都看得到牠們，從斯堪地那維亞半島到西班牙，就連亞洲很多地方也有。

石南熊蜂的身材就熊蜂而言十分嬌小，工蜂的身長只有大約 12 公釐，也是牠們特別討喜的原因之一。牠們有點像雪特蘭小馬，要是這種馬長了白色屁股又會飛的話。歐買尬，有翅膀、白屁屁的雪特蘭小馬，在你家花臺上嗡嗡飛？靠北，太酷了吧！雖然轉念一想，如果真的是飛行小馬，恐怕會毀了你家花園。真教人左右為難啊。

Heath bumblebee

白色屁屁

喜歡：
— 歐石南
— 一枝黃花
— 各種高地
花朵

Bombus jonellus

# 巧克力地花蜂

*Andrena scotica*

　　這種屬於地花蜂科、大小與蜜蜂相仿的花蜂常見於西歐，在大不列顛島各地也很容易看到，英文有時又叫「山楂蜂」（Hawthorn bee）。牠們是獨居蜂，雌蜂會蓋自己的巢，獨力孵育後代，但也很有趣，牠們雖然各住各的地穴，但常常兩隻或更多隻（有時高達幾百隻）共用出入口。

　　為什麼叫「巧克力」地花蜂？這個嘛，可能是因為牠們渾身纖細的褐色短毛，看起來好像被撒上濃郁的黑可可粉。在你生出什麼傻主意之前，且讓我潑你一桶冷水並鄭重聲明：巧克力地花蜂吃起來**不像**巧克力，你也**不應該**試著吃一隻看看，就算只是想親身驗證也一樣。

　　注意：別的昆蟲常會寄生在巧克力地花蜂的巢裡，例如學名叫 *Nomada marshamella* 的一種盜寄生蜂類，而且這邊馬上補充：這種蜂類吃起來**不像**棉花糖（marshmallow）。

# Chocolate mining bee

⚠ 不可食用

實情：味道不像巧克力

Andrena scotica

# 長角蜂

*Eucera longicornis*

阿娘喂，看看這對超犯規的角！

我們都知道這其實不是角，但你懂我的意思。這種蜂是蜜蜂科長鬚蜂族的一員，是在地底築巢的獨居蜂，會有這個名字是因為雄蜂的觸鬚很長，長到很幽默。對啊，就跟牠們頭和身體加起來一樣長。不然咧，你還能給牠們取什麼名字？

世界各地都找得到長鬚蜂類，而在古北界（Palearctic realm），也就是幾乎整個歐亞大陸和北非地區，都看得到這種小帥哥。

跟其他長鬚蜂一樣，長角蜂的雌蜂角比較短。觸鬚，我是說觸鬚。

# Long-horned bee

看看這對
精美的東東！

為什麼叫牠們
「長牛角」蜂，
應該不難懂吧？

Eucera longicornis

# 華萊士巨蜂

*Megachile pluto*

　　這種花蜂的雌蜂體型比雄蜂大，翅展長達 6.4 公分，身體跟你整個拇指一樣大，顎也大得恐怖，誠可謂媽媽界巨人！小心哦，這位小姐可不是等閒之輩。我們曾經以為牠絕種了，結果這種最大花蜂在 1981 年突然現身，接著又銷聲匿跡將近四十年！2019 年在印尼，一支野外遠征隊首次留下牠的拍照和錄影記錄，入鏡的是一隻活的雌蜂。

　　這是一種巨大的切葉蜂，牠的名字是為了紀念阿爾弗雷德·羅素·華萊士（Alfred Russel Wallace）*，他在 1858 年率先採集到這種蜂類。說也奇怪，華萊士本人好像對牠不大感興趣，只在日記裡草草一行帶過。搞什麼鬼啊？但誰管他，這種花蜂又大又罕見，可教一海票別的生物學家痴迷了。

　　一般認為牠們應該是獨居蜂，在某種樹居型白蟻的巢裡鑽洞築自己的巢。有夠投機取巧！雌蜂用恐怖的大顎把樹脂刮成小球，用來為自己的巢裡加固分隔。

　　沒有人百分百確定牠們會不會螫人。澳洲雪梨大學有位生物學家參加了 2019 年那支遠征隊，據說他曾表示：「我們都很想被螫螫看，想知道會有多痛，但因為我們只找到那一隻，所以非常小心地對待牠。」

　　生物學家，不意外。


　　* 沒錯，就是那個華萊士，跟達爾文同時想出天擇演化論，卻不像達爾文因此一炮而紅的人。老華，算你倒楣。

# Wallace's Giant Bee

啥 滾！

看看這傢伙有多大

霸氣大顎

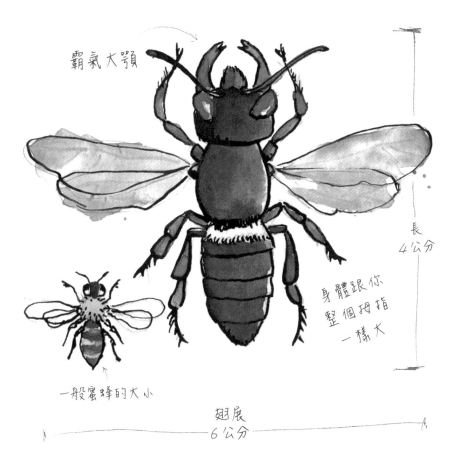

長
4公分

身體跟你
整個拇指
一樣大

一般蜜蜂的大小

翅展
6公分

Megachile pluto

# 讓世界名畫
更「蜂」一點

歷代以來出過無數藝術名家，但就連這些大師自己都會承認，他們的作品不是件件稱得上傑作。

　　我老早就注意到，在這些「表現稍遜」的作品中，通常都「不夠蜂」。為什麼呢？誰知道，但畫面上有隻蜂什麼的一定會比較好吧。

　　這教我不禁尋思：「要是我能回到過去，告訴這些藝術家花蜂有多棒，不是很酷嗎？這麼一來，或許他們就會加個幾隻到作品裡，搞不好那件作品就脫胎換骨，堪稱傑作了！」

　　可惜我不會時光旅行，這是為何我在這裡納入一些不失為佳作的藝術作品，但也示範它們能如何更臻化境，並隨圖附贈我想對原作藝術家說的話。

　　我有信心，要是這些藝術家還在世的話，八成會寫信來感謝我。

# 划船 *Boating*

1874 年
愛德華‧馬奈（Édouard Manet）

　　哇噻，我就直説了，在以白 T 紳士為主題的畫作中，這一幅絕對在我心目中排前幾名。草帽配八字鬍實屬絕妙，在我那個年代，很多人應該會覺得這樣的造型引領時尚。説來可能有點諷刺，不過到了二十一世紀初，都怪那些不知見好就收的文青，這種打扮已經流於平庸。總之，我一直覺得您的畫作精準呈現有閒階級百無聊賴的人生。看看船上這位女士就好——天塌下來了她也絕對懶得在乎！

　　但我就直説了：您可曾考慮加隻熊蜂到這幅畫裡呢？畫面絕對會因此增色不少！

　　那個戴草帽的傢伙看起來已經有些默默著惱，好像在想：「那隻死蜜蜂跑來湖中央是想怎樣？」然後女生就一副「別生氣，詹姆斯，那隻蜜蜂至少活得比我們有目標。」的樣子。請您考慮考慮吧。

# 舞蹈課 *The Dance Class*

1874 年
愛德加・竇加（Edgar Degas）

　　竇加先生，我是您的超級大粉絲，所以請別誤會，這幅畫相當傑出，就用色精妙什麼的！說真的，我超愛那些舞者！但您不覺得整個場景有點沉悶嗎？好像大家就杵那邊，等著接下來會發生什麼事。我覺得教室裡要是有幾隻蜜蜂，氣氛絕對會活潑起來！

　　不用謝我！

# 聖母與聖嬰 *Madonna and Child*

約 1290~1300 年
杜奇歐（Duccio Di Buoninsegna）

　　我情不自禁注意到您這幅《聖母與聖嬰》。

　　我得説，對於衣物垂墜的皺褶和體積感，您的處理手法十分出色，至少就十四世紀初期來説是如此。幹得好啊！

　　可是請恕我斗膽直言，您的聖母看起來有點悲情。或許您這麼畫是為了顯示她知道她的孩子將來會受釘刑？的確高明，但實在太黯然、太銷魂了。

　　此外，您的聖嬰看起來比較像個縮水的歐吉桑，反倒不像真正的嬰兒。

　　其實在您那個年代，大多數的聖像畫都免不了這些問題，也一再重蹈覆轍，就像您這幅作品，而且數百年如一日，鮮少有創新突破。

　　但別擔心 —— 您真正脫穎而出的大好機會來了！想像一下，加個一、兩隻蜜蜂進去，死氣沉沉的畫面馬上生動起來！

　　您會獲得的人氣，絕對是您同時代的藝術家作夢都想不到的！

# 維納斯與偷蜂蜜的邱比特
## *Venus with Cupis the Honey Thief*

約 1580~1620 年
老盧卡斯・克拉納赫（Lucas Cranach The Elder）
原作臨摹

　　哇，您筆下的維納斯跟邱比特真令人耳目一新！真的。很多德國文藝復興時期的畫家絕對沒興趣，您卻讓一群蜜蜂擔綱演出！一整個超前時代啊，大哥。

　　我可以直說嗎？讓邱比特演一個蜂蜜賊，真是他媽的神來之筆。每個人都討厭那個小屁孩。這肯定是指涉性與愛情的絕妙象徵，也是藝術史宅宅品畫的隱藏看點。不過這幅畫之所以冠絕群倫，是因為觀眾看到了他們想看的東西：蜜蜂總算給那個強奪蜂蜜的小天使應得的報應！

　　我超愛邱比特抬頭看維納斯的神情，好像在討拍，不過她只是斜眼看著我們，用表情向觀眾說出大家真正的心聲：「你要是偷蜜蜂的東西，就會有這種下場。蠢哪！」

　　此外，您在維納斯頭上畫的那頂帽子？神來之筆啊。

　　我實在不想多嘴，可是小的要是能提供一點拙見供參，那麼您或許可以再多加幾隻蜜蜂？不必太多，大概十五到二十隻就好？

　　您知道的啊，就給牠來個轟轟烈烈的結尾！

　　除此之外，一切都太完美了！

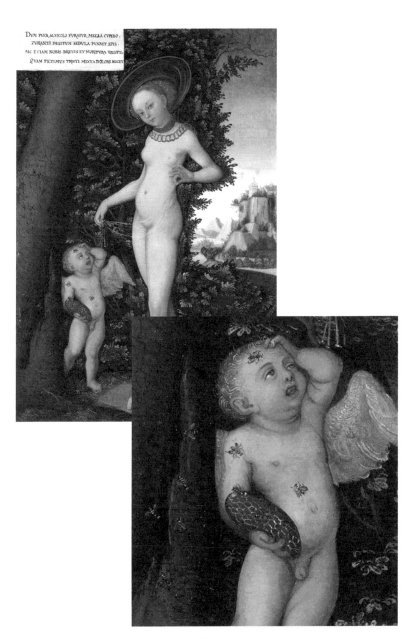

這件事情
很嚴肅

每次總要等到某個物種滅絕，我們才知道大事不妙。花蜂，更別提一大票別種昆蟲，牠們的命運顯然就在往這個方向轉進。相信我，這應該是嚴重警訊，因為花蜂要是死光了，可是我們所有人天大的噩耗。

　　全球各地的花蜂都在減少，這可把學者專家嚇到不行，因為全世界的糧食供應都會受到衝擊。除了農業活動、全球暖化和疾病，花蜂銳減的現象還有很多成因。

　　我們生活在一個處於微妙平衡的環境系統中，雖然這個系統極其複雜，有時實在超乎你的理解範圍，但基本原理可說是萬事萬物彼此牽連。

　　這表示一個小環節出狀況，所引發的連鎖效應可能會造成嚴重後果，甚至嚴重到超乎我們的預期。例如，某種看似無足輕重的花朵不再生長，突然間，只在那種花朵的葉片間築巢的某種昆蟲就此消失，於是餵幼雛吃那種蟲的鳥就——唉呀，你懂我的意思。這有如紙牌屋，要是垮了，我們人類就吃不完兜著走了。

　　地球生態系要維持正常運作，花蜂尤其不可或缺，我們人類這個物種想要延續，花蜂也就超級重要了。要是花蜂滅絕，代誌就真正、真正大條了。我不想長篇大論，這裡就簡單列舉幾個要點，說明這為何事關重大。

# 授粉

　　花蜂是為植物授粉的關鍵物種。在所有動物當中，牠們是野生植物和農作物最主要的授粉者。事實上，你要是看看開花植物的演化傳播，會發現這幾乎跟花蜂的演化傳播吻合。

　　在全世界前 107 大農作物當中，花蜂為其中 90% 授粉，數不清的植物要能生長，包括為我們生產糧食的那些在內，花蜂都發揮了關鍵作用。有些科學家認為花蜂要是滅絕，包括蘋果、咖啡、可可，番茄和杏仁在內的很多農作物都將無以為繼。我祝你就算沒有蘋果派、咖啡、巧克力、披薩和杏仁奶，還是能活得好好的。

## 科學家表示，我們每吃三口東西，就有一口被花蜂撒過花粉！

　　我知道！聽起來噁斃了，讀到這裡我午餐的胃口都沒了，但別擔心——他們的意思只是在我們的農作物當中，有大約三分之一直接靠花蜂授粉。各位科學家，有事嗎？幹麼不一開始就好好講話？

# 動物和家畜

有些草食動物一定得吃靠花蜂授粉的某些植物，要是花蜂滅絕，這些動物恐怕很難存活。為我們供應肉品和牛奶的家牛得吃苜蓿，家豬得吃飼料玉米（這兩種植物主要靠誰授粉呢？你猜對了，是花蜂）。典型美式飲食少了豬肉跟牛肉，恐怕會大為失色。

其他的草食動物，像是鹿和兔子等等，恐怕也很難熬過這一關，會隨著食物來源消失逐漸滅絕。禿鷹和土狼這類食腐動物或許可以混得不賴，至少一開始是如此。

# 燃料

菜籽油就大多數人所知，是一種食用油，但也廣泛用於製造生質燃料，而油菜花要靠花蜂授粉。我們要是失去這種生質燃料的原料，恐怕只得被迫更仰賴石化燃料。

# 棉花

棉花得靠外力授粉，所以花蜂要是消失，將導致棉花巨幅減產。就我上次查看的結果，很多最親膚的衣服都是棉質的。在後花蜂時代的末日地獄裡，祝你在慢慢餓死的同時，享受穿化纖長褲的快感。

＊審訂註：玉米的花為風媒花，雖然會有蜜蜂採集花粉，但不一定要透過昆蟲授粉。

# 土地

因為很多植物都無法生長了，草地將逐漸化為不毛之地。然後，世界各地曾一度肥沃的土地都會大規模沙漠化。沒有植物來控制土壤侵蝕，土石流將淹沒整片城鎮，狂風則會引發巨型沙塵暴。最終，地球會變成一大片沙漠，四散著包在化纖衣服裡的死人骨頭。

沒錯，這些情境純屬猜想。花蜂大規模滅絕之後，事態究竟會如何發展還在未定之天。花蜂究竟有多重要，以後又到底會發生什麼事，專家的意見不一。這就是專家麻煩的地方：他們永遠對什麼事情都意見不一。但大多數承認現實的專家都同意，要是花蜂消失了，全體人類的下場都會無比淒涼。

你喜歡
吃蘋果嗎

？

為你幫蘋果授粉的
就是花蜂唷。

# 給花蜂
# 一條生路

　　靠北，情況很不妙，是吧？要是花蜂下臺
一鞠躬，整個自然界都沒戲唱了，我們也是。
但還是有些事情是你我理應能做的，可以讓花
蜂喘口氣、存活下去。我們也算欠牠們這個人
情，是吧？

# 種一片親蜂花園

　　花蜂面臨最大的威脅之一是棲息地不斷流失，牠們原本能在那些地方採集食物、取得多樣的養分，好能讓蜂群存續下去。你能做的一件大好事，就是為花蜂開闢一條棲息廊道，在裡面種滿富含花粉和花蜜的植物。這麼做也不需要大片空地，其實，就算沒有院子也沒關係，因為花蜂不在乎你有的是花園、窗臺花圃，還是防火逃生梯上的花盆。選擇有益花蜂的植物（請往下讀），最好選在你住的地區是原生種的，而且要是可以的話，整片整片地種，或至少把好幾種植物種在一起。通常花蜂每趟採集只會專攻一種植物，所以你應該盡量幫牠們不虛此行。種植花期不同的植物更好，花蜂就能在整個採集季享有不間斷的食物來源。

# 走自然風

　　哈哈，不是要你素顏啦，你還是可以在臉上塗塗抹抹。我說「走自然風」是勸你別在自家草坪或花園使用殺蟲劑、除草劑和化肥。這些東西真的很干擾花蜂——對大多數的授粉昆蟲來說也是。說真的，是時候改用天然和有機的園藝產品了。

# 有益花蜂的花

| | | |
|---|---|---|
| 波斯菊 | 鐵線蓮 | 萬壽菊 |
| 薄荷 | 毛地黃 | 天竺葵 |
| 紫菀 | 番紅花 | 柳葉馬利筋 |
| 薰衣草 | 紫錐花 | 風信子 |
| 迷迭香 | 罌粟 | 藍莓 |
| 金魚草 | 草莓 | 玉簪 |
| 矢車菊 | 鼠尾草 | 一枝黃花 |
| 向日葵 | 茴香 | 蜂香薄荷 |
| 藍鈴花 | 芫荽 | 蝦夷蔥 |
| 百里香 | 蜀葵 | 羽扇豆 |
| 景天 | 毛茛 | 旱金蓮 |
| 金盞花 | 貓薄荷 | 芍藥 |
| 苜蓿 | 大理花 | 三色堇 |
| 百日草 | 忍冬 | |
| 福祿考 | 櫛瓜 | |

審訂註：以上物種有些於臺灣為外來種或強勢入侵種（如大波斯菊），欲種植
有益花蜂植物時，請參考本地資料。

# 隨它長

　　很多人不會想聽我接下來要說的，但我們要是不再跟雜草打那沒完沒了、也永遠贏不了的仗，真的很有幫助。不管你喜不喜歡，蒲公英、苜蓿和其他會開花的雜草，都是花蜂的重要食物來源，更別提也是很多昆蟲的食物和棲息處。所以隨這些雜草發揮本色吧！如果家人說什麼也不同意，那你至少可以試著延後除草的時間，讓花蜂有機會從野花採集完食物再說。看在花蜂眼裡，平整無瑕的草坪其實蠻淒涼的。

## 平整的草坪真的好嗎？

　　雜草其實是有益的野生植物，我們真的該試著接受它們的本質，別再打擾人家了。但承認現實吧——在很多社區，你家前院要是長滿蒲公英，會引發一種特殊的羞恥感。因為我猜，出於莫名的原因，我們以為世界上武斷又不切實際的社會期待不夠多，所以還得再加一種來幫我們否定自己、否定別人。

　　這觀念深植於美國文化，但或許，我們一旦學會接受自己的身體、實踐個人信念之類的，就能解開蒲公英心結。在此同時，有個擺明的解決辦法，就是別再種那愚蠢的草坪了。

　　我是說，拜託好不好，一大片你得不斷澆水施肥才能保持綠意的草地？等草長長了（以防萬一你不知道，要是澆水又施肥，草百分之八百會一直長），就得耗上一整天，動用那臺重三、四十公斤又會狂噴廢氣，要燒汽油運轉且加裝一堆刀片的玩意兒，毀了全社區的安寧，就為了把草割短。這麼做不為別

的，只為了讓草坪看起來像地毯而不像草，可是草坪本來就是草長成的啊。

有種就看著我的眼睛，告訴我這聽起來不愚蠢。

「可是我能怎麼辦？」你就問了。簡單，把那耗水又費時、郊區人拿來打腫臉充胖子的偽地毯整片剷掉，種點更好的東西。像是弄個雨水花園（rain garden），在裡面種有益花蜂的本土植物和樹叢。或是把整塊地方變成會開花的草地，長著本土的草和野花。別再推草坪，也別再拔雜草。看起來很正點，又拯救花蜂。現在喝檸檬水的時間到了。不用謝我。

還有！快去四處張揚為了拯救花蜂和地球，你是怎麼斷捨離了你家的草坪——你看，自我感覺多良好啊，而且等你那喜歡恥笑別人家草坪的鄰居開始自慚形穢，覺得有個推得整整齊齊、沒有蒲公英的院子很不好，你不就是在用力打臉他們嗎？風水輪流轉，豬頭！

# 種棵樹吧

其實，盡量種愈多樹愈好，因為樹開花的時候，花蜂也能採到很多花蜜和花粉。除此之外，樹也是重要的棲息處，更能為使用樹脂或樹葉築巢的花蜂提供豐富的材料。還有，好吧，你覺得有鳥（噁！）跟清新的空氣怎麼樣？樹對生態和氣候的貢獻實在太重要了。

編註：作者的鳥類著作請見積木文化出版《鳥事一堆！超崩潰鳥類觀察筆記》。

110

# 為花蜂安家

除了蜜蜂，花蜂大多住在地底、樹洞，或中空的枝幹裡。光是保留地面某些區塊別去翻動，你就能幫熊蜂一個忙，讓牠們有安全的築巢地點。你也能買或是蓋一個「蜂公寓」（bee condos），這東西由很多小管子組成，花蜂能直接入住。

# 蓋一座蜂浴場

對啊，信不信由你，花蜂也需要水。一個淺淺的鳥浴盆，或簡單一個裝滿清水的碗，都能幫口渴的花蜂一個大忙。只要在裡面放幾塊石頭或凸出水面的東西，讓牠們有個喝水的落腳處就好。

# 給你家附近的蜂農捧場

蜂農不只辛辛苦苦保護和餵養蜜蜂，往往也製作很多蜂蜜以外的衍生產品，例如蠟燭和肥皂。跟你家附近的蜂農買點東西吧，這應該不難才對。

# 熊蜂急救法

你要是發現有隻熊蜂好像在原地掙扎、飛不起來，牠很可能只是在休息。這很正常，所以拜託別去打擾人家。可是，牠要是在地面停留超過 45 分鐘，恐怕就是有麻煩了，可能需要你出手相助。最好的辦法，是輕柔地把那隻熊蜂移到有益花蜂的花朵上，這樣就可以了。

等等，要是附近找不到有益花蜂的花怎辦？歐買尬，我連哪些花是有益花蜂的都不知道，你再跟我講一次？我知道我應該把這些花寫下來，收進皮夾以防萬一，而且**歐買尬這隻熊蜂有難了我要怎麼辦才好？**

首先，拜託你冷靜點。然後請你調一點糖水，白糖跟水的比例各半，再用湯匙或瓶蓋盛一點點，很有禮貌地請那隻熊蜂喝。盡量把糖水放到牠的頭前面——要是你傻傻分不清頭尾，最好請別人來做。可以的話，最好幫這隻小傢伙找個掩蔽處再餵，以免別人踩到牠。糖水能供給熊蜂飛行所需的能量，幫牠恢復行動。

**重要注意事項！**切記，這是偶一為之的急救方法！糖水其實會擾亂熊蜂的飲食平衡，所以不管你多想當蜂界人氣王，都請不要到處糖水大放送。

# 糖跟水 1：1 調勻

- 要用白糖，寶貝
- 千萬別用蜂蜜，甜心
  （蜂蜜可能含有花蜂的病原體☠️）

頭在
這裡

- 悄聲鼓勵牠

## 最後一件事

　　我知道，感覺很難，這一切需要我們改變很多生活習慣。可是想想這件事就好：沒有花蜂，就沒有植物跟樹，也沒有鳥。那你的貓要吃什麼？

　　不管你喜不喜歡，我們的院子和花園都是生態系的一部分。我們個別或集體做的決定，都會對氣候和環境造成衝擊。我們的所作所為確實會影響花蜂，所以我們最好在大家通通完蛋之前負起責任，善待牠們吧！

# 謝辭

做一本書要靠團隊合作，我想誠摯感謝 Chronicle Books 每一個讓這本書成真的人。特別感謝我的編輯 Becca，謝謝她的共事、編輯技能和幽默感，總之感謝她就是個超棒的搭檔。

感謝我的經紀人 Rosie，謝謝她不間斷的支持，總是跟我站在一起，而且每當我有任何需要，不論專業建議、作品評估回饋，或單純是加油打氣，她隨時都能上陣。

我由衷感激家人總是用愛和歡笑當我的後盾，尤其是我太太，她堅定不移的支持、耐心，還有偶而挑一下的眉毛，在在都激勵我繼續向前，雖然她自己可能不知道。最後，我要感謝我的讀者。你們那麼喜歡我的書，有時我想到還是難免驚訝，不過被重視的感覺真的很棒，所以感謝你們的熱情跟支持。多虧有你們，我才能繼續做我熱愛的事：把有時看來有點古怪的新東西帶到這個世界上，為別人帶來樂趣。我由衷感謝能有這個機會。

# 參考資料

Abramson, Charles I., et al. "Operant Conditioning in Honey Bees (*Apis mellifera L.*): The Cap Pushing Response." *PLOS ONE* 11, no. 9 (2016): e0162347. https://doi.org/10.1371/journal.pone.0162347.

Barron, Andrew. "The Honey Bee Brain." Templeton World Charity Foundation. YouTube Video, July 12, 2019. https://www.youtube.com/watch?v=N_wei1OdK0E.

BBC. *Behind the Beehive*: The Code. Episode 2. YouTube Video, July 27, 2011. https://www.youtube.com/watch?v=F5rWmGe0HBI.

Briggs, Helen. "Prehistoric Farmers Were First Beekeepers." *BBC News,* November 11, 2015. https://www.bbc.com/news/science-environment-34749846.

Brunet, Johanne. "Pollinator Decline: Implications for Food Security & Environment." *Scientia*, June 26, 2019. https://www.scientia.global/pollinator-decline-implications-for-food-security-environment.

Buchman, Steve. "*Perdita minima*— 'World's Smallest Bee.'" U.S. Forest Service. https://www.fs.fed.us/wildflowers/pollinators/pollinator-of-the-month/perdita_minima.shtml.

C., Hannah. "How Do Bees Drink Nectar Exactly?" *Science Times*, August 11, 2020. https://www.sciencetimes.com/articles/26838/20200811/bees-drinknectar-exactly.htm.

Davis, Nicola. "Goal! Bees Can Learn Ball Skills from Watching Each Other, Study Finds." *The Guardian*, February 23, 2017. https://www.theguardian.com/science/2017/feb/23/goal-bees-can-learn-ball-skills-from-watchingeach-other-study-fnds.

Donkersley, Philip. "Bees: How Important Are They and What Would

Happen If They Went Extinct?" *The Conversation*, August 19, 2019. http://theconversation.com/bees-how-important-are-they-and-what-would-happenif-they-went-extinct-121272.

Dunning, Hayley. "Bee Brains as You Have Never Seen Them Before." Imperial College London News, February 24, 2016. https://www.imperial.ac.uk/news/171050/bee-brains-have-never-seen-them.

Embry, Paige. *Our Native Bees: America's Endangered Pollinators and the Fight to Save Them*. Portland, OR: Timber Press, 2018.

Engel, Michael S. "Notes on the Classification of Ctenocolletes (Hymenoptera: Stenotritidae)." *Journal of Melittology* 92 (2019): 1–6. https://doi.org/10.17161/jom.v0i92.12073.

Hanson, Thor. Buzz: The Nature and Necessity of Bees. New York: Basic Books, 2018.

Hepburn, H. R. *Honeybees and Wax: An Experimental Natural History*. Berlin: Springer-Verlag, 1986.

Jarimi, Hasila, et al. "A Review on Thermoregulation Techniques in Honey Bees' (*Apis mellifera*) Beehive Microclimate and Its Similarities to the Heating and Cooling Management in Buildings." *Future Cities and Environment* 6, no. 1 (2020): 7. https://doi.org/10.5334/fce.81.

Karihaloo, B. L., et al. "Honeybee Combs: How the Circular Cells Transform into Rounded Hexagons." *Journal of the Royal Society Interface* 10, no. 86 (2013): 20130299. https://doi.org/10.1098/rsif.2013.0299.

Krulwich, Robert. "What Is It About Bees and Hexagons?" *Krulwich Wonders*, NPR, May 14, 2013. https://www.npr.org/sections/krulwich/2013/05/13/183704091/what-is-it-about-bees-and-hexagons.

Loukola, Olli J., et al. "Bumblebees Show Cognitive Flexibility by Improving on an Observed Complex Behavior." Science 355, no. 6327 (2017): 833–36. https://doi.org/10.1126/science.aag2360.

Mayo Clinic Staff. "Honey." Mayo Clinic, November 14, 2020. https://www.mayoclinic.org/drugs-supplements-honey/art-20363819.

Michener, Charles D. *The Bees of the World*. Baltimore: Johns Hopkins University Press, 2000.

Millar, Helen. "The Importance of Bees to Humans, the Planet, and Food Supplies." *Medical News Today*, May 18, 2021. https://www.medicalnewstoday.com/articles/why-are-bees-important-to-humans.

Patel, Vidushi, et al. "Why Bees Are Critical for Achieving Sustainable Development." *Ambio* 50, no. 1 (2021): 49–59. https://doi.org/10.1007/s13280-020-01333-9.

Petruzzello, Melissa. "What Would Happen If All the Bees Died?" *Encyclopedia Britannica*. https://www.britannica.com/story/what-would-happen-if-all-thebees-died.

Quenqua, Douglas. "The World's Largest Bee Is Not Extinct." *The New York Times*, February 21, 2019. https://www.nytimes.com/2019/02/21/science/giant-bee-wallace.html.

Tarpy, David. "The Honey Bee Dance Language." *NC State Extension Publications*. February 23, 2016. https://content.ces.ncsu.edu/honey-bee-dancelanguage.

Vickers, Hannah. "Why Are Bees Important? And How You Can Help Them." Woodland Trust, July 17, 2018. https://www.woodlandtrust.org.uk/blog/2018/07/why-are-bees-important-and-how-you-can-help-them.

Zakon, Harold H. "Electric Fields of Flowers Stimulate the Sensory

Hairs of Bumble Bees." *Proceedings of the National Academy of Sciences* 113, no. 26 (2016): 7020. https://doi.org/10.1073/pnas.1607426113.

Zhang, Shaowu, et al. "Honeybee Memory: A Honeybee Knows What to Do and When." *Journal of Experimental Biology* 209, no. 22 (2006): 4420–28. https://doi.org/10.1242/jeb.02522.

# 名畫圖片出處

The Metropolitan Museum of Art, New York, Buoninsegna, Duccio di. *Madonna and Child*. https://www.metmuseum.org/art/collection/search/438754.

The Metropolitan Museum of Art, New York, Degas, Edgar. *The Dance Class*. https://www.metmuseum.org/art/collection/search/438817.

The Metropolitan Museum of Art, New York, Manet, Édouard. *Boating*. https://www.metmuseum.org/art/collection/search/436947.

The Metropolitan Museum of Art, New York, *Venus with Cupid the Honey Thief*. Robert Lehman Collection. https://www.metmuseum.org/art/collection/search/459077


# 一般資訊參考網站

American Bee Journal. https://americanbeejournal.com.
The Bee Conservancy. https://thebeeconservancy.org.
Bumblebee Conservation Trust. https://www.bumblebeeconservation.org.
BuzzAboutBees.Net. https://www.buzzaboutbees.net.
Entomological Society of America. https://entsoc.org.
Honey Bee Suite. https://www.honeybeesuite.com.
iNaturalist. https://www.inaturalist.org.
PNW Bumble Bee Atlas. https://www.pnwbumblebeeatlas.org.
Puget Sound Beekeepers Association. https://www.pugetsoundbees.org.
Wikipedia. https://www.wikipedia.org.
World Wildlife Fund. https://www.worldwildlife.org.

# 我最想揪的十七種花蜂

1. *Halictus tripartitus*（隧蜂屬）
2. *Apis nigrocincta* 印尼蜂（蜜蜂屬）
3. *Agapostemon angelicus*（隧蜂屬）
4. *Andrena scotica*（地花蜂屬）
5. *Bombus ternarius* 橙帶熊蜂／三色熊蜂（熊蜂屬）
6. *Melissodes robustior*（長鬚蜂族）
7. *Andrena prunorum* 紫地花蜂（地花蜂屬）
8. *Syntrichalonia exquisita*（長鬚蜂族）
9. *Peponapis pruinosa*（長鬚蜂族）
10. *Andrena auricoma* 金絲地花蜂（地花蜂屬）
11. *Bombus hypnorum*（熊蜂屬）
12. *Nomada ochrohirta*（木斑蜂屬）
13. *Bombus perplexus*（熊蜂屬）
14. *Apis dorsata* 大蜜蜂（蜜蜂屬）
15. *Apis florea* 小蜜蜂（蜜蜂屬）
16. *Xylocopa tabaniformis*（木蜂屬）
17. *Bombus insularis*（熊蜂屬）

編註：具中文名或英文俗名之物種，附上中文俗名或英譯俗名，其他僅標註學名及屬名之中文。

# 跟牠們搭訕的好用金句：

→ 所以說，當一隻隧蜂是什麼感覺？

→ 愛死你的穿搭了！
　（讚美牠美呆了的橘色腰帶）

→ 來聊聊最棒的南瓜吧……

→ 你真的超 chill，有什麼祕訣嗎？

→ 你的「大」，吸引了我的注意
　　　　（帶點調情口氣）

→ 「無差別盜寄生熊蜂」？很好，
　 願聞其詳……

# 我家花園的
# 蜂流即時榜

1. 海葵 ............ 可愛、隨和、寬宏大量

2. 茂狄雅 ............ 從不說別人的壞話

3. 洛伊絲 ............ 認真又搞笑
（但不會同時既認真又搞笑

4. 貝莎 ............ 善良、深情 ............

5. 海倫 ............ 私底下很調皮 ............

6. 嗡妮 ............ 人緣好、我行我素

7. 佩希 ............ 很吵又很搞笑

# 換你寫寫看，
# 花蜂哪裡討喜

1. _____
2. _____
3. _____
4. _____
5. _____
6. _____
7. _____
8. _____
9. _____
10. _____
11. _____
12. _____
13. _____
14. _____
15. _____
16. _____
17. _____
18. _____
19. _____
20. _____
21. _____
22. _____
23. _____
24. _____

25. _____
26. _____
27. _____
28. _____
29. _____
30. _____
31. _____
32. _____
33. _____
34. _____
35. _____
36. _____
37. _____
38. _____
39. _____
40. _____
41. _____
42. _____
43. _____
44. _____
45. _____
46. _____
47. _____
48. _____
49. _____
50. _____
51. _____
52. _____
53. _____
54. _____
55. _____

56. _____
57. _____
58. _____
59. _____
60. _____
61. _____
62. _____
63. _____
64. _____
65. _____
66. _____
67. _____
68. _____
69. _____
70. _____
71. _____
72. _____
73. _____
74. _____
75. _____
76. _____
77. _____
78. _____
79. _____
80. _____
81. _____
82. _____
83. _____

想列舉花蜂的優點，這幾頁總該夠你開始了。要是還不夠寫，
自己用釘書機加釘幾張紙就好。